赢在忠诚

谭 波 ◎ 编著

吉林出版集团股份有限公司

图书在版编目（CIP）数据

赢在忠诚 / 谭波编著. — 长春：吉林出版集团股份有限公司, 2018.7

ISBN 978-7-5581-5209-2

Ⅰ.①赢… Ⅱ.①谭… Ⅲ.①成功心理–通俗读物 Ⅳ.①B848.4-49

中国版本图书馆CIP数据核字（2018）第134127号

赢在忠诚

编　著	谭　波
责任编辑	王　平　史俊南
开　本	710mm×1000mm　1/16
字　数	230千字
印　张	16.5
版　次	2018年11月第1版
印　次	2018年11月第1次印刷
出　版	吉林出版集团股份有限公司
电　话	总编办：010-63109269
	发行部：010-67208886
印　刷	三河市天润建兴印务有限公司

ISBN 978-7-5581-5209-2　　　　　　　　　　定价：45.00元

版权所有　　侵权必究

前言

《赢在忠诚》，全书共分18章，是一部仿照《孝经》体例而作的儒家经典，旧本为东汉马融撰。马融是东汉著名经学家，字季长，扶风茂陵(今陕西兴平东北)人。关于其写作缘由，作者提到说："《忠经》者，盖出于《孝经》也。仲尼说孝者所以事君之义，则知孝者，俟忠而成之，所以答君亲之恩，明臣子之分。忠不可废于国，孝不可弛于家。孝既有经，忠则犹阙。故述仲尼之说，作《忠经》焉。"

本书对"忠"的含义、标准、目的做了细致的阐释，并分章对封建社会各主要阶层应履行的忠道和孝道一一进行了论述。着力渲染忠的重要性，肯定了忠为个人、家庭、国家带来的光明前景，由此力劝人们严格遵守"忠"。

"忠"是古代儒家学说的重要内涵与范畴。"忠孝两全"，由始至终都是尚儒之人所追求的最高境界，亦是古代对一个人最完美的评价。本书中所讲述的"忠"，主要是从《忠经》原文和译文中阐发对忠的理解。本书在叙述方面弱化了古代统治阶级所大肆宣扬的忠君思想，借鉴其中的闪光点和积极的思想，主要是从忠于企业管理这方面来写，把古人忠的智慧运用到了企业管理中。因为在当今社会，忠于自己所从事的事业，忠于所在的企业，对于一个人来说是成功的必要心理与态度。本书把"忠"延展到社会管理中，为各个社会层面的人员提出合理建议，并针对不同人群的不同案例做了综合分析。相信本书对于广大读者来说，领略的不仅仅是传统文学经典的智慧，还能够从里面参悟出一些为人做事的真谛来。

CONTENTS 目录

- 00 《忠经》 / 001
- 01 天地神明章 / 007
- 02 圣君章 / 023
- 03 冢臣章 / 035
- 04 百工章 / 049
- 05 守宰章 / 061
- 06 兆人章 / 079
- 07 政理章 / 095
- 08 武备章 / 111
- 09 观风章 / 123
- 10 保孝行章 / 135
- 11 广为国章 / 151
- 12 广至理章 / 161
- 13 扬圣章 / 177
- 14 辨忠章 / 189
- 15 忠谏章 / 201
- 16 证应章 / 213
- 17 报国章 / 229
- 18 尽忠章 / 239

00

《忠经》

[原文]

《忠经》者，盖出于《孝经》也。仲尼说孝者所以事君之义，则知孝者，俟忠而成之，所以答君亲之恩，明臣子之分。忠不可废于国，孝不可弛于家。孝既有经，忠则犹阙。故述仲尼之说，作《忠经》焉。

今皇上含庖、轩之姿，韫勋、华之德，弼贤俾能，无远不举。忠之与孝，天下攸同。臣融岩野之臣，性则愚朴。沐浴德泽，其可默乎！作为此经，庶少裨补。愚则辞理薄陋，不足以称焉。忠之所存，存于劝善。劝善之大，何以加于忠孝者哉！夫定高卑以章目，引《诗》《书》以明纲。吾师于古，曷敢徒然。其或异同者，变易之宜也。或对之以象其意，或迁之以就其类，或损之以简其文，或益之以备其事，以忠应孝，亦著为十有八章，所以洪其至公，勉其至诚。信本为政之大体，陈事君之要道，始于立德，终于成功，此《忠经》之义也二谨序。

[注释]

《孝经》：宣传封建孝道和孝治思想的儒家经典。有今文、古文两本，今文本称为郑玄注，分十八章；古文本称孔安国注，分二十二章。孔注本亡于梁，隋刘炫伪作孔注传世。

仲尼：即孔子，名丘，字仲尼，春秋末期思想家、政治家、教育家，儒家的创始者。

义：合理的主张和思想。

分：职分。

既：已经。

阙：欠缺。

焉：语气词。

庖、轩：传说中远古英明的君主。庖，即伏羲，也作庖牺，神话中人类的始祖，传说人类由他和女娲相婚而产生。轩，即黄帝，姬姓，号轩辕氏，传说中为中原各族共同的祖先。

勋、华：传说中远古英明的君主。勋，即唐尧，名放勋，传说中父系氏族社会后期部落联盟领袖。华，即虞舜，姚姓，名重华，号有虞氏，传说中父系氏族社会后期部落联盟领袖。

弼贤俾能：使天下贤明能干的人都受到重用。弼，辅佐。俾，使。

攸：于是，乃，就。

融：即作者马融，东汉经学家、文学家。

庶少裨补：多少有些增益补阙。

曷敢徒然：怎么敢任意虚造呢？

洪：弘扬，扩大。

义：意义，意思。

[译文]

《忠经》这部书，是受《孝经》的启发而写出来的。孔子说，孝是一个人侍奉君王的重要原则。由此可知，要行孝道，首先必须要有忠道观念，它是用来报答君王对臣属的恩德，表明臣属所应尽的义务。忠道，对于一个国家来说是不可废弃的；孝道，对于一个家庭来说是不能放松的。关于孝道已经有了《孝经》这部经典，而有关忠道的阐述仍然没有出现，所以我阐述孔子的学说，撰写成这部《忠经》。

当今皇上具有伏羲、黄帝那样的英姿，蕴藏着唐尧、虞舜那样的品德，使天下贤明能干的人都受到重用，即使在偏僻边远的地方也能被发现和举用。忠与孝这两大人伦之常，天下都是相通的。我马融是山野岩居的小臣，本性十分愚钝，但受到了圣上的恩德，怎么可以沉默不语呢？因此特地写下了这部著作，或许对治世、明道多少有点帮助。虽然这部书言辞、道理都十分浅薄俗陋，不值得称道，但忠道是无所不在的，宣扬它可以劝世人向善，而向世人劝善，又有什么比宣传忠、孝更为重要的呢？本书按照职位高低不同的章目来安排内容，并引用《诗经》《尚书》来作为论述纲要。我这样做，完会是师法古人，怎么敢自己任意虚造呢？其中与古人或许有不同的地方，也仅是做了一点点改易。有的是取其比喻意思作为引证，有的拿过来正好是同一类的事理，有的比《孝经》相应章数的内容有所减省，有的又比《孝经》更为充实详备。《忠经》模仿《孝经》的章节，同样写成十八章，主要是用它来弘扬至公之理，劝勉至诚之心。诚信本来是治理国家的主要内容，陈述侍奉君王的主要原则，从建立德行开始，到创立功业结束，这就是《忠经》所要讲述的大义。谨序。

01

天地神明章

[原文]

昔在至理，上下一德，以邀天休，忠之道也。天之所覆，地之所载，人之所覆，莫大乎忠。忠者，中也，至公无私。天无私，四时行；地无私，万物生；人无私，大亨贞。忠也者，一其心之谓矣。为国之本，何莫由忠。忠能固君臣，安社稷，感天地，动神明，而况于人乎？夫忠，兴于身，著于家，成于国，其行一焉。是故一于其身，忠之始也；一于其家，忠之中也；一于其国，忠之终也。身一，则百禄至；家一，则六亲各；国一，则万人理。《书》云："惟精唯一，允执厥中。"

[注释]

至理：天理。

大亨贞：称心顺利，吉祥如意。

"惟精唯一"二句：要精研要专一，又要诚实保持着中道。精，精研。一，专一。

[译文]

古时最好的治理之道，是全国上下同心同德，以报答神灵的降福，这就是一种忠道。上天所覆盖的，大地所承载的，人类所能感知的、触及的，没有一样比忠道更重要的了。所谓忠，就是中，意思是极公正无私心。上天没有私心，所以一年四季按规律地轮换；大地没有私心，所以万事万物得以茁壮生长；人类没有私心，一切都会大吉大利。所谓忠道，就是指一心一意。立国治国的根本，为什么要在于忠呢？忠道能使君臣关系牢固不破，能使国家长治久安，能感动天地、感化神明，更何况是人呢？一个人自身懂得忠道，能使家庭兴旺发达，能使国家走向胜利，这都是一心一意、诚信可靠的自然结果。所以说，人们的言行必须专一，这是忠道的起点；对家庭忠贞不贰，这是忠道的进一步发展；对国家忠贞不贰，才是忠道的最高境界。一人自身懂得忠道可以任官得俸禄，各种福禄就会自然而来；只要全家忠诚相待，家庭就会亲密和睦；只要全国人都懂得忠道，国家就会治理得十分繁荣富强。《尚书》上说："要精研要专一，又要诚实保持着中道。"

[现代管理启示]

忠诚是员工的立身之本

古人说："人无忠信，不可立于世"，"不信不立，不诚不行"。拥有忠诚的人，不论在何时何地，都会受到人们的赞美；拥有志诚的人，其人格会得到升华。如果不慎丢失了它，那么就可能一文不值。忠诚不仅是立身之本，事实上也是任何一个组织战斗力的保证。

所谓"忠诚"，指的就是个人归属于团体的义务和道德。人的一生归属于各种团体：国家、企业、学校、家庭以及各种组织，在这种归属中，个人才能得到保护，并发挥自己的才干以获得成功。因此，个人归属于团体是个人赖以生存的基本条件，而维护这种归属关系就是每个人的基本义务。忠诚则是维护此种归属关系的最佳与必备的素质。

拿破仑曾经说过："不忠诚于统帅的士兵就没有资格当士兵。"无独有偶，美国五星上将麦克阿瑟也说过类似的话："士兵必须忠诚于统帅，这是义务。"这两句话都指向同一个道理：无论是在硝烟弥漫的战场还是在竞争激烈的公司，也无论是在士兵和将军之间还是在员工与老板之间，忠诚都是一面永不褪色的旗帜，每个人、每个团队、每个集体都须依靠它来生存和发展。

一些世界著名企业曾做过这样一项调查，当问到"您认为员工应具备的品质是什么"时，他们无一例外地选择了"忠诚"。忠诚是职场中最应值得重视的美德，因为每个企业的发展和壮大都是靠员工的忠诚来维持的。忠诚不仅仅是人之为人最基本的美德，更是一种崇高的义务。忠于自己的国家，忠于自己的企业和团队，忠于自己的职责和使命，这一切都应该是一种理所应当，自然而然，而又不求任何回报的行为。

对于企业而言，忠诚是除工作能力之外，对员工考量的重要标准。能力可以在工作过程中锻炼得到提高，但是缺乏忠诚，即使能力如何之高，本事如何之大，对企业来说也没有太大价值，并且存在着潜在的危害。这样的员工很难得到老板的重用。就类似于一台电脑，能力是硬件，忠诚则为软件，再顶端的硬件，如果缺乏相应的软件，一样只能束之高阁，不被重视。现实中像这样的例子比比皆是，下面选较具代表性的案例加以说明。

有一位拥有双博士学位且才华横溢的人，他先在牛津大学修完了法学课程，继而又在哈佛大学修完了工商管理课程。此外，他文笔流畅，在多家报纸上发表过文章，且不定期到一些大学里讲授写作知识，由此造就了他出众的口才。他的演讲富有激情，能够把数千人的热情点燃。

这样的人才，在就业方面应该不会有什么问题的。

可是，意想不到的是，他竟为找工作的事而发愁。

原来，他的名声不太好，几乎没有哪家企业愿意录用他。而他的名声之所以不太好，是因为缺乏对企业的忠诚。

1993年，他修完了全部博士课程，先是在一家IT公司担任市场总监，工作没有几个月，他向公司的竞争对手出售商业机密。他拿到卖商业机密而得来的报酬后，就跳槽到一家制药公司担任策划总监。工作两三个月，他听说另一家制药公司待遇比这家更好后，便以自己握有更多的新药开发资料为诱饵，让那家公司聘用自己做更高的位置。新东家看重的是新药开发资料，而不是他这个不忠诚的双料博士，资料到手后，新东家辞退了他，并将他列入永不聘用人员名单中。

好在当时他的名声还没有臭名远播，找工作并不难，他很快进入了一家电器公司，新公司老板聘他做了总裁。遗憾的是，这个双料博士不仅不珍惜此次工作机会，而是再一次出卖了自己的老板，更为始料不及的是，他还把公司的一批骨干人员带走了。带到哪里去了呢？自己当老板去了，开了一家电器公司。由于自己不善于经营，公司开了不到半年就关门倒闭了，只好又去打工。

但是，到头来他才发现：最受打击的还是自己。因为他被多家企业贴上了"不忠诚"的标签，成了一个不受欢迎的人，还被多个行业的老板列入永不聘用的人，几乎每家企业老板了解他情况以后都表示绝对不会聘用他。

才华横溢的人又怎么样呢？缺了忠诚，谁也看不上你的才华，你一样只能每天唉声叹气。持有双博士学位的人却找不到工作，这是多么悲哀的事情。可想而知，拥有忠于自己的企业、工作、职责的心态与素质，是何等的重要。

一个丧失忠诚的人，不仅丧失了机会、丧失了做人的尊严，更丧失了立身之本。即使是那些从你身上获取好处的人，也会鄙视你、远离你、抛弃你。由此就再也没有人愿意接近你、相信你了，在现代社会中是无法生存的。

因此，忠诚是职场中每个人的立身之本，是构成企业良性发展的重要因素。忠诚无价，在当今世界，并不缺少有能力的人才，唯有那种既有能力又忠诚的人才方是每一个企业苦心寻找的最理想的人才。

但是不可否认的一个事实是，并不是所有的员工都拥有一颗忠诚之心。每个老板都希望所有的员工对自己、对公司有足够的忠诚，但同时每个老板也清楚做到这一点是很难的。所以，也就有了优秀员工和一般员工的区别。那些忠诚于老板、忠诚于公司的员工，在公司或领导安排他们去完成某一项工作任务时，他们首先想到的是如何以最快速度完成工作任务，而不是先提出一大堆所谓的借口和条件。

优秀的员工之所以优秀，首先他们在公司里表现出了自己的忠诚，让忠诚成为自己工作的一个准则，并在此基础上培养了正确的职业道德观，成就了真正的好品格。这种忠诚也是发自内心的，没有任何附加条件的，也是禁得起时间的考验的。忠诚的员工必定禁得起时间的考验，面对各种利诱不为所动，仍然忠诚于自己的公司。

泰勒是美国一家金属冶炼公司的技术骨干，由于公司调整经营方向，泰勒觉得工厂不再适合自己，于是他准备换一份工作。鉴于泰勒在原行业上的影响力以及他自身的能力，他要找一份工作是一件轻而易举的事情。在此之前就已有很多家公司开出优厚的待遇邀请他担任这些公司的技术部高管，但他都没有被这些优厚的待遇所打动，而是谢绝这些公司的好意。这次是泰勒主动要走，很多家公司都认为这是一个千载难逢的好机会，于是想方设法地再次邀请他加入自己的公司。泰勒知道即使有优厚的报酬，他也不能背弃自己的原则。因此，泰勒义无反顾地拒绝了那些公司的邀请。最后决定去全美最大的金属冶炼公司应聘。

负责泰勒面试的是该公司技术部的总经理，他对泰勒的能力没有任何挑剔，但是他却向泰勒提出了一个这样的要求："我们很高兴你能够加入我们公司，你的能力和资历都很出色。你原来的公司正在研究一种提炼金属的新技术，听说你也参与了这项技术的研发工作，我们公司恰好也在研究这门新技术，你能够把你原来公司研究的进展情况和取得的成果告诉我们吗？你知道这对我们公司意味着什么，当然，这也是我们公司聘请你的主要原因。"

泰勒回答说："你的问题让我很失望，看来市场竞争确实是需要一些非常手段，但是我不能答应你的要求，因为我有责任与义务忠诚于我的企业。尽管我已经离开了它，但无论何时我都会这么做，因为信守忠诚比获得一份工作重要得多。"

泰勒身边的人都为他的回答感到惋惜，因为这家企业的实力和影响力比他原来的公司要大得多，来这里工作是许多人梦寐以求的，但是泰勒却毅然决然地放弃了眼前这个绝好的机会。就在泰勒准备去另一家公司应聘的时候，那位总经理给泰勒来了一封信，他在信中这么说道："泰勒先生，从现在起你已被我们公司正式录用，并且是我的助手，不仅仅是因为你出色的能力，更因为你时时刻刻都想着为自己的企业保守商业秘密，你是好样的！"

泰勒之所以获得就业机会，就是因为他把忠诚作为立身处世的行为准则。无论面对怎样的利诱，都将持之以恒地坚持自己忠于公司这一原则，也只有这样才能赢得老板的青睐和赏识，也才能在日趋激烈的社会竞争中立于不败之地。

其实，做一个忠诚的员工并不是一件困难的事，也并不需要你做出多大的牺牲才算是忠诚。相反，这种品格在一些细小的事情上就能体现出来。比如随手捡起办公室里掉在地上的纸张，看到卫生间水龙头滴水就随手关紧，等等。这些都是很容易做到的事情，却也是最能体现一个人品格的地方，就像有人说的，"要检验一个人的品格修养，最好是看他在没有旁人在场时的所作所为。"

如果把智能比作金子，那比金子更珍贵的就是人的忠诚。曾有一位成功的人士不止一次说过这样的话："忠诚会助你成功。"的确，忠诚是职场的做人之本，只有拥有忠诚的品质，才能在平凡的岗位上有所成就，成为一个受老板器重的优秀员工。

忠诚是一种力量

有人会问，忠诚怎么会是一种力量呢？如果是一种力量，它到底是什么力量？我想忠诚更多的应是团队的力量。

有人说，这个世界就是一个游戏的世界，一旦你加入某一场游戏，你就必须遵守游戏的规则。因为，世界需要按秩序来运行。你也可以选择不遵守规则，但你付出的代价将是被淘汰出局，因为你丧失了参加游戏最起码的资格。这个世界看起来很温和，其实有时也很残酷。一旦你不遵守规则，就会立刻丧失资格。

一个充满战斗力的团体，必定是一个有严格秩序的团体，因为只有这样，才能确保行动的一致性和协调性。对于任何一个团队，必须有一个核心领导，这是确保一个团队不涣散的根本所在。第二次世界大战时，美国五星上将麦克阿瑟曾说过："士兵必须忠诚于统帅，这是义务。"忠诚，是整个团队实现自己目标的关键因素。因为有了忠诚，就会形成一股巨大的合力，乃至战无不胜，无坚不摧，攻无不克。

在蜜蜂的王国里，有着森严的等级秩序。蜂王永远是核心领导者，所有的工蜂必须忠诚于自己的统帅。因为，蜂王有着对于整个蜜蜂王国来说最重大的责任与使命，那就是不断地繁衍后代。为此，所有的工蜂都必须任劳任怨地供养着蜂王，忠诚于蜂王，只有这样才能确保整个蜜蜂王国的和谐统一与生生不息。

在古代，君王要求自己的臣民必须忠诚于他，不能做不忠不义之事，就连在日常生活行为规范中也要讲求忠义，这就是古代的社会秩序，违背它社会就会大乱。对统治者而言，这种秩序是为了维护自己的统治地位；而对个人而言，这种秩序则是赖以生存的外部条件。在意大利当地，流传着这样一则故事。

公元前4世纪，意大利一个名叫皮斯阿司的小伙子触犯了刑律，被判绞刑。皮斯阿司在家是个非常孝顺的孩子，在临绞刑前，他对国王说，希望自己能与远在百里之外的母亲见最后一面。他的这一要求被国王准许了，但交换条件是，皮斯阿司必须找一个同龄人来代替他坐牢。这个消息传出后，皮斯阿司的朋友达蒙自愿来代替他。达蒙住进牢房后，皮斯阿司就赶回家与母亲诀别。但是眼看刑期在即，皮斯阿司却无影无踪了。人们一时议论纷纷，都说达蒙上了皮斯阿司的当。因为皮斯阿司没有履行他的诺言，国王下令由达蒙替死。就在绞索套在达蒙的脖子上准备行刑时，皮斯阿司大汗淋漓地飞奔而来，他高呼着："我回来了，我回来了。"径直冲到达蒙的身边，与他紧紧地拥抱在一起。这个消息传到国王那里，他下令赦免皮斯阿司，并且重重地奖赏了达蒙。

对朋友的信任，让达蒙敢于冒着被处死的危险义无反顾地替皮斯阿司坐牢；对朋友的忠诚，使皮斯阿司兑现了他的诺言，视死如归，往返百里赶赴刑场。

对于一个企业而言，员工必须忠诚于企业的领导者，就如同士兵必须忠诚于将领一样，这是确保整个企业能够正常运行、健康发展的重要因素。

但需要说明的是，我们倡导员工的忠诚和士兵的忠诚是不一样的，士兵必须忠诚于他的统帅，此种忠诚是绝对的，因为统帅代表着国家，士兵是不能自主选择所忠诚的统帅的。员工的忠诚对于企业来讲也是必需的，但不是绝对的、无条件的和盲目的。员工可以自主选择他所忠诚的领导，一个对员工的生存、发展、自我实现有利的领导者才是他们选择的对象。因为只有对这样的领导忠诚才是有价值的，也是值得的，这样的领导者亦是不会辜负员工的满腔忠诚。

不论一个团队承接的是何种类型的工作，团队成员必须首先明确的是对所要完成的工作负有共同的义务和责任。此外，在完成工作的过程中有义务忠诚于自己的团队，有责任忠诚于自己的组织，这是确保任务有效完成的一个必要前提。人人都忠诚于自己的团队，人人都努力完成自己的工作任务，这样就形成一种力量，它是一个团队的力量，一个由忠诚引发的力量。

A公司的老板带着自己的谈判人员到B公司进行业务商谈，他们想如果按照公司原先制订好的计划来谈恐怕会有一些问题，但是他们必须取得成功，因为这是一次千载难逢的好机会，更重要的是交易的商业利润非常可观。B公司也有自己的底线，但是他们不能轻易亮出，所以谈判一直没有多大的进展。

A公司一直摸不清B公司的谈判底线，经过几天的谈判，始终还是没有弄清楚。A公司的谈判助理说："实在不行，我们就收买他们的谈判人员，给他们丰厚的回扣，这对我们来说，是舍小保大，从长远来看，也是值得的。我听说C公司和D公司也已经介入了，如果不采取措施可能会错失这次难得的机会，交易将无法进行。"

负责谈判的主管对此表示不同意，认为这样做违背了公平竞争的原则。

最后，此建议提交到了这家公司的老板那里，他认为可以试一下，他说："我想证明一个问题。"

A公司的谈判助理不明白。

第二天谈判开始的时候，没有人说话。

这时A公司的老板说话了："我们同意贵公司提出的价钱，就按照你们说的价钱成交。"这是让A、B公司所有谈判人员都始料不及的。

接着，A公司的老板继续说："我的助理准备给你们的谈判人员回扣的事我是知道的，我当时没有反对，就是想证明一件事。最终证实我的猜想，贵公司的谈判人员不仅有着丰富的谈判经验，而且分工协作的非常融洽。最关键的一点是，你们在面对我们开出的丰厚回扣时却不为所动，这表明你们对自己的公司非常忠诚，这很令我敬佩。我们是竞争对手，成交的价钱是我们分胜负的标准。但是，一个企业的生存并不仅仅是依靠金钱与价钱的多少。员工的忠诚和责任对于一个企业而言，才是最为重要的。你们的表现让我看到了贵公司的未来，和你们合作，我大可放心。从价钱上来看，我们是多出了一些，但我相信以后我们会赚得更多、赢得更多。"

他的话还没说完，全场就响起了热烈的掌声。忠诚和责任是每个人的义务，作为公司忠诚的员工，即使是竞争对手也会敬佩你的责任和忠诚，因为你让他们知道了为什么对手比自己更强大。

上述例子中，像B公司的谈判人员，正是老板最需要的人才。"我们需要忠诚的员工。"这是老板们的共同心声。因为老板知道，员工的不忠诚会给企业带来什么样的损失与危害。

面对种种诱惑，忠诚在今天显得弥足珍贵。这种自下而上的忠诚，做到了，就可以壮大一个企业；做不到，就可能毁了一个企业。

所以，如果人人都能在工作中尽其职，都忠诚于自己的公司，就会形成忠诚的力量。忠诚的力量到底是什么？它是团队的力量，是信仰的力量。也只有这样的力量，企业才能健康、有序地向前发展。

忠诚是员工的职业道德

作为一个合格的员工,首先要具备一种素质,那就是忠诚。这是员工最基本的职业道德,也是员工的立身之本。我们一旦进入某个公司,要时时刻刻把自己当作公司的一分子,当作公司的主人,对上司忠诚,对公司忠诚。忠诚的员工会受到礼遇,领导会信任你,同事会尊敬你;而不忠诚的员工会受到谴责,会直接影响他所在公司的利益,甚至在整个行业的名誉。

首先,我们要明白,什么叫作忠诚?忠诚是中华民族优良的品德。古语有言:"为人谋而不忠乎?为人交而不信乎?"就是替人出主意,帮人办事,为人工作,你怎可不忠诚于他。忠诚,实质就是竭尽全力、言行一致、表里如一地做好事情。忠诚,是每一个员工应遵循的一种基本准则,是指对组织或个人真实无欺、遵守承诺的品德与素质。这种内在品德及其践履行为,是各种经营活动与社会运转得以正常进行的重要保证。一个人任何时候都应该坚守忠诚,坚持自己的原则,且不为利益所动。大的方面我们要忠于自己的国家和民族,小的方面则是在日常生活与工作中忠于我们的组织、我们的领导、我们的团队、我们的工作、我们的家人、我们的朋友、我们自己的做人原则等。

其次,公司为什么把忠诚作为用人的基本前提?一个团体的发展壮大,需要的是每一个成员齐心协力、共同努力。如果某个员工的心与公司的利益相背离,是不可能为公司的利益着想的。每个企业都需要忠诚的员工,忠诚甚至可以被看作组织得以发展进步的第一推动力。只有全体员工对组织忠诚,大家才能心往一处聚,劲往一处使,进而最大程度地发挥出团队的力量,这样才能让我们的组织更快地驶向成功的码头,自己也能获得更大的成就。

最后，对公司忠诚与员工个人的利益是紧密联系的，这也是每个员工最关心的问题之一。员工齐心协力，为团体的利益着想，可以壮大团体，公司发展了，我们员工也跟着受益。反之，如果公司亏损，员工的基本工资都可能得不到保障，甚至面临失业的危险。因此，我们应该明白，员工遵守忠诚的职业道德，于公司、于个人，都能达到双赢的结果。

某公司要裁员了，裁员的名单内有王师傅和杨师傅，他们两人都是在公司工作了近十年之久的老员工。与他们一样，公司里其他要被裁员的员工均被提前一个月通知离职。

接到通知后，王师傅和杨师傅心里特别难受。因为一个月后就要离开相伴近十年的公司。他俩下班回家后，一整夜没有睡着。而没睡着的原因却各不相同：王师傅一夜没睡着的原因，主要思考今后怎样做好自己的工作，给同事留下好的印象；而杨师傅睡不着的原因，是他想不明白自己辛辛苦苦为公司工作这么长时间，现在却被裁员了，他心里越想越生气。第二天杨师傅更是怨气十足，逢人就大声说："我们在公司工作了这么多年，平时兢兢业业，没有违反公司的规定，凭什么辞退我呢？"杨师傅还把怨气带到工作中来："反正我在这儿只有一个月，干好干坏一个样，不如干坏一点，让公司付出代价。"结果可想而知，杨师傅的工作业绩越来越差。而与此相反的是，王师傅却不像杨师傅那样破罐子破摔，而是较之以前更加勤勤恳恳，对工作更是一丝不苟，每天坚守岗位。在最后的一个月里，工作成绩不仅没有下滑，反而还有所提高。

一个月期满后，杨师傅如期地离职了，而王师傅却被留下了。在公司的动员大会上，总经理激动万分地说："工厂不缺工人，但缺王师傅这样忠诚负责的员工，公司效益不好，容不下那么多的员工，但像王师傅这样的员工再多都能容得下。"就这样，王师傅留在了公司，还升职当了车间主任。

我们从王师傅身上看到了一种品质,那就是忠诚。忠诚是每个人的职业道德,是生存之本,也是应尽的义务。

一个公司里,如果每个员工都能做到忠诚,公司就会很快地发展壮大。遗憾的是,有很多员工都是抱着"混口饭吃"的态度,工作不够积极,敷衍了事,轻易推卸责任,对他们来说无所谓忠诚,还有一部分员工甚至损害公司的利益。

在影视剧中,我们看到忠心耿耿的武将为保卫疆土而战死沙场时,会热泪盈眶;看到赤胆忠心的臣子为了人民的疾苦而向皇帝冒死进谏时,会热血澎湃;看到黑帮中一个兄弟拼死保护自己的大哥而死的时候,一样会很感动。是的,忠诚会让我们感动,会让我们乐见这样的事情在现实中发生。这些人忠于自己的国家,忠于自己的人民,忠于自己的领导……忠诚会产生很多奇迹,会把很多不可能变成可能。

然而,在当今的社会中,处处充满了诱惑,很多人热衷于追求短期的利益,内心充满了浮躁。所以,人们很容易背叛自己的职业道德,背叛忠诚,而能够守护忠诚的人就显得更加珍贵。当青海玉树人民遭受地震的灾害时,很多记者、医护人员、武警战士等,冒着生命危险,离开自己的家乡和亲人,在岗位上发光发热,演绎了多少动人的故事。他们一样是忠诚的,他们忠于自己的职业,忠于自己的国家,是值得我们尊敬、骄傲与推崇的。

美国著名军事家克里斯说过:"忠诚已经不仅仅是品德范畴的东西了,它更成为一种生存技能。"忠诚不仅是做人的一种品德,更是做事的基本准则。一个不遵守社会道德的人,会受到人们的谴责。同样,一个不遵守职业道德的人,也会受到人们的谴责。由古至今,没有谁不需要忠诚。人人需要忠诚,人人依赖忠诚,皇帝需要他的臣民忠诚,老板渴望他的员工忠诚,丈夫依赖妻子的忠诚，妻子需要丈夫的忠诚。在职场中，人们更是奉"忠诚"为衡量员工品质的首要标准。

李嘉诚曾说："做事先做人，一个人无论成就多大的事业，人品永远是第一位的，而人品的第一要素就是忠诚。"忠诚是每个员工的职业道德，忠诚就是对工作负责，把老板的事当作自己的事。这种职业道德是每个人最需要的，缺少这种职业道德的员工，就会被企业淘汰出局，由此可能永不录用。本杰明·富兰克林说过："如果说，生命力使人们前途光明，团体使人们宽容，脚踏实地使人们现实，那么深厚的忠诚感就会使人生正直而富有意义。"

02

圣君章

[原文]

惟君以圣德，监于万邦。自下至上，各有尊也。故王者，上事于天，下事于地，中事于宗庙。以临于人，则人化之，天下尽忠，以奉上也。是以兢兢戒慎，日增其明，禄贤官能，式敷大化，惠泽长久，万民咸怀。故得皇猷丕丕，行于四方，扬于后代，以保社稷，以光祖考，尽圣君之忠也。《诗》云："昭事上帝，聿怀多福。"

[注释]

兢兢戒慎：小心谨慎。兢兢，小心谨慎的样子，也作恐惧的样子。

式敷大化：将教化铺开扩大。式，榜样，标准。敷，铺开，铺展。大化，深广的道德教化。

丕丕：极大的样子。

"昭事上帝"二句：明白怎样侍奉上帝，招来幸福无限量。昭，明白。聿，语助词。怀，来，招来。

[译文]

只要君主帝王能够用至圣至善的品行道德统治着全国，为各个属国做出榜样，那么自下层百姓到上层官僚，对君主帝王要各行其尊。因此，身为君王的人，应当对上侍奉天地众神，对下敬奉神灵，同时也要祭奉自己的祖宗先辈。君主帝王能够用至圣至善的品行道德为平民百姓做出榜样，百姓就会效法他，普天之下都会尽忠侍奉君主帝王。所以，君王应当小心谨慎从事，使其英明之才更加贤明。只要君王给贤良之士以俸禄，起用那些有才能的人当官，施行仁政教化，长期广布恩惠德泽，他的臣民以及百姓就一定会感念他。因此君王最大的计划谋略，在于如何使仁政行于四方，并建立起辉煌的功业，宣扬于后代，以保国家基业长久不衰，同时也能使他光宗耀祖。以上就是圣贤君王的忠道呀！《诗经》上说："明白怎样侍奉上帝，招来幸福无限量。"

[现代管理启示]

忠诚文化需要树立榜样

英国有句谚语："好人的榜样是看得见的哲理。"榜样好比大海中用来照明的灯塔，为夜航的人们指明了前进的方向，不至于迷失在茫茫大海中。企业的日常管理中也需要树立榜样，因为榜样的力量是无穷的。如果领导者以身作则，起到表率作用，就会对企业员工起到一个积极的引导作用，对企业文化的建设，特别是忠诚文化的建设奠定一个良好的基础。由此会让员工对企业产生一种认同感和归属感，企业的凝聚力也会不断地提升，促进企业综合发展。

忠诚文化需要管理者树立榜样。管理者树立榜样，能够给员工以启发，振奋精神，增添力量和信心。管理者为促进企业发展，培养员工忠诚文化的一项重要措施就是树立榜样，树立一个你期望其他人学习的好榜样。榜样非常重要，因为人们更多地通过他们的眼睛来获取信息，他们看到你做的比听到你说的效果要大得多。恰好印证了一句俗语："喊破嗓子，不如做出样子。"

树立榜样的目的是让员工学习，以管理者自身的行为规范来带动员工。榜样是人的行动的参照物。作为管理者如果能够建立起科学、合理、先进的参照系，就会把员工的行为引向对企业目标的追求。我们常说，榜样的力量是无穷的，就是这个道理。

作为管理者想要管理好企业，一方面靠的是健全的制度，另一方面靠的是管理者的榜样。管理者要求员工遵守企业的规章制度，首先自己要能够事必遵规、循规蹈矩。忠诚文化靠什么形成、靠什么维系？靠的是全部员工的忠诚度，当然也包括高层管理者或老板。如果一名管理者都不能遵守公司的规章制度，那么他或她如何谈得上对公司的忠诚，更不能树立榜样，发挥模范带头作用，这样又怎么能形成和维系公司的忠诚文化。所以说管理者时刻要遵守公司的各项规定，这一点很重要。比如公司规定上班时间从早上9点到下午5点，而自己上午10点才露面，至下午4点就没影了，别人的错误拿来大家讨论，自己的错误从不提起，还希望自己的行为有感染力，那么他的员工就会困惑了。正所谓"上梁不正下梁歪"，长此以往，企业发展将步履维艰。亚洲首富李嘉诚在以身作则，树立学习榜样方面就是一个典型的例子。

李嘉诚的成功之处，就在于不论何时何地都不忘以身作则，给员工树立一个很好的榜样。他常常告诉自己的员工："自己没有做好，怎么可能要求别人做到呢？"在公司里，李嘉诚虽然贵为公司的最高管理者，但也跟普通员工一样遵守公司的各项规定，从来不会违反公司的任何规定。为了节省时间，提高开会效率，李嘉诚要求高级主管开会时一定要注意时间，每次会议不能超过45分钟，如果超过45分钟就要终止会议，没有说完的事情就要自己找时间处理。一开始很多人都无法适应，会议的时间常常超过限制，但久而久之，人们就发现工作效率提高了。

有一次，李嘉诚和公司的几名董事开会，一开始大家不约而同地忘记了节省时间的要求，等大家反应过来时，已超过规定时间一刻钟了。李嘉诚发现后，决定马上散会，但是由于事态紧急，几位董事均要求继续开会。令人钦佩的是，李嘉诚语重心长地告诉这些董事："大家都是公司的高层人员，公司上下数千双眼睛都盯着我们看，我们要给员工做出一个好的榜样。"李嘉诚不仅在开会时遵守公司的节省时间规定，而且他非常勤奋工作。

李嘉诚总是第一个到公司上班的人，也是最后一个离开公司下班的人。因为他知道自己的言行、举止、作风、为人处世和各方面的表现，都会对员工起到示范作用，产生潜移默化的影响。李嘉诚的敬业精神让员工非常感佩，由此很多年轻员工都说："李先生是一个年过半百的老人，还如此勤奋，我们年轻人又有什么理由不努力奋进呢？"

如果在李嘉诚公司打听一下，"在高级主管中，哪个经理的工资是最低的？"10个人至少有8个人会告诉你，李嘉诚的工资是比较低的。他每个月只从公司领取几千元港币的工资，从不多拿一分。每当有人问起为什么李嘉诚拿的薪水比较少时，他总是摆摆手说："没有什么大不了的，公司的员工有钱赚才是最重要的。"

孔子说："其身正，不令而行；其身不正，虽令不从。"作为现代企业的管理者就应该以身作则，给员工树立一个好的榜样。

管理者进行决策，或在探讨问题，或者与员工恳谈，总能牵动无数双眼睛，这不光是因为他们是公司的领导者，更重要的是他们的自身形象代表着公司的形象。其实管理者的言行举止是否适当，衣着是否得体，这都关乎着公司的形象。特别是管理者与客户洽谈的场合下，你的一言一行、一举一动，都代表公司的形象。一个人的形象如何，代表着自身的修养如何，作为一名员工，他的形象如何，就代表着公司的形象如何。管理者要注重自己的形象、注重公司的形象，就必须以身作则，严格要求自己。这是对自己负责，也是对公司负责。另外，管理者以身作则不是整天在员工面前喊喊口号就可以了，真才实学永远比口号更重要，且更能让员工钦佩有加。你应该永远记住这句话：领导是被学习的榜样，不是被赞美的对象。给员工树立学习的榜样，就是给公司树立标杆的形象。前日本经联会会长土光敏夫以身作则，带头节约公司财物，给他的员工上了一堂生动的教育课，也树立了学习的榜样。

"身为一名主管，要比员工付出加倍的努力和心血，以身示范，激励士气。"土光敏夫先生如是说。

土光敏夫是日本一位受人敬仰的企业家。他于1965年出任东芝电器社长。他接掌时的东芝虽然人才辈出，但由于组织庞大，权力分工重叠，使得管理不善，员工松散，由此导致公司业绩滑落。

土光敏夫就任东芝公司总经理的第一天，向全体职工发表讲演，说道："让一切都充满活力！"随后他在黑板上写下了这样的字样："活力=智力×（毅力+体力+速力）。"在土光敏夫的演讲精神的鼓励下，东芝公司以开发智力作为主导，把充分培养企业整体的智力、毅力、体力、速力作为企业内部经营管理的重心。他的口头禅是"以身作则最具说服力"。他每天提前半小时上班，并空出上午七点半至八点半的一个小时，欢迎员工与他一起动脑，共同来商讨公司出现的问题。

土光敏夫的节约精神是众所周知的。他杜绝浪费，提倡节俭。

东芝的一名董事想参观一艘名叫"出光丸"的巨型油轮。由于土光敏夫已看过好几次了，所以事先说好由他带路。在一个休息日，他们约好在"樱木町"车站的门口会合。土光敏夫准时到达，董事乘公司的车随后才赶到。董事说："社长先生，抱歉让您等了。我看我们就搭您的车前往参观吧！"董事以为土光敏夫也是乘公司的专车过来的。

土光敏夫面无表情地说："我并没乘公司的轿车，我们去搭电车吧！"董事当场愣住了，羞愧得无地自容。原来土光敏夫为了杜绝浪费，节约公司成本，乃以身示范搭乘电车，给那位董事生动地上了一课。

这件事过后立刻传遍了整个公司，上上下下小心警惕，不敢再随意浪费公司的物品。由于土光敏夫以身作则，他点点滴滴的努力，方使得东芝的经营情况逐渐好转。土光敏夫说："要督促政府达成革新，再也没有比国民一齐监督更有效的方法了。"

建立忠诚文化也是一样，一方面靠的是健全的制度，另一方面靠的是管理者的榜样，两者缺一不可。只有健全的制度，才能有章可循，照章办事，在制度面前人人平等，任何人都没有特权，这样的制度无疑能留住优秀的人才，也能维系员工对企业的忠诚。此外，忠诚文化光靠制度建立还不够，还需要管理者以身作则为榜样，公司制定的规章制度，首先自己要能做到，比如按时上下班，开会准时到场，上班时不做私事，等等，这些是管理者最应该且必须做到的。

知人善任是领导者的首要任务

唐太宗李世民有句话说"水能载舟，亦能覆舟"，"水"喻为老百姓，"舟"喻为帝王，说的是古代帝王与老百姓之间的利害关系。这句话也可以变过来形容我们企业管理的现实：企业员工既可以给企业带来兴盛，当然也可能让企业陷入困境。企业员工作为企业任何工作的主体，可谓企业最大的资源，也是企业发展的最大力量所在。

在企业管理界有一个共识，认为领导者的主要职责是做经营的，而经营的本质是资源的规范统筹和合理利用。现在就有这样的一个问题，为什么企业中的"人"作为最大的资源却长期搁置于次要地位？说到底，人作为企业中的最大资源，要做到合理利用就必须做到知人善任。忽略人之重要性的领导不是一个好领导，因为他不懂得企业经营的根本；不能做到知人善任的领导则是无能的领导，因为他没有做好自己的首要工作。东汉的班彪在其《王命论》中有云："益在高祖，其兴也有五：一曰帝尧之苗裔，二曰体貌多奇异，三曰神武有征应，四曰宽明而仁恕，五曰知人善任使。""知人善任"，短短四个字，看似简单，能否做到人尽其才、各尽其职是一个领导者优秀还是平庸的最大区别。

管理的关键就在于用人，有了人才，善于任用人才，企业就会拥有成功的保证；没有人才，不知人善任，企业就会失去优势。企业不重视人才，不善于任用人才，损失最大的不是人才个人，而是企业。因为个人如果不受重用，无法施展才华，完全可以"退而独善其身"，利用在企业的一切便利条件，充实自己，积累学识、经验、关系、资历和资金，伺机而动，时刻准备另谋高就。而企业好比花高价买了一台多功能电视机，却只会看几个频道的电视节目，浪费了电视机的其他许多功能一样，花费不少，却未能人尽其用，各司其职。结果花费了大量财力和精力，却为别的企业源源不断地培养和输送了大量人才。

知人是基础或者说手段，善任是目的。毛泽东说过，用人艺术的关键是识才。只有识人，才能善任。能做到这一点的就是贤明的领导者。贤明的领导者"宽明而仁恕"，且"知人善任"，这实际上都是现代领导要讲究的用人哲学。"宽明而仁恕"意味着必须明辨是非，能够洞察每个人的优缺点，对缺点与不足保持平常心，努力教导但不严厉、苛刻——从根本上说，用人不是用人的短处，而是用人的长处。

中国原对外经济贸易合作部部长龙永图在中国入世谈判时，身边缺少一位秘书。为此，他刻意、努力地去了解候选人的优缺点，最终选择了他认为最合适的人。当龙永图选该人当秘书时，全场哗然。因为这个人根本不适合当秘书。在众人眼中，秘书都是谨慎细微、勤勤恳恳、少言少语的，对领导体贴入微。但是龙永图此次选的秘书，处事却完全逆向而行。他有话直说、稀里糊涂、大大咧咧，从来不会照顾人。对于日程安排，经常混淆时间，明明是上午，却记成是下午。可龙永图之所以会选他当秘书，是因为龙永图是在其谈判最困难的时候选的他，当时由于巨大的谈判压力，龙永图的脾气也变得很大，有时候和外国人拍桌子，回来以后一句话也不说。每次龙永图回到房间后，其他人都自然而然地回到自己的房间里去，都不愿自讨没趣到他房间里来。唯有那位秘书与众不同，每次都径直走进龙永图的房间，开始了他自己的高谈阔论，也不管自己说的会不会让这位高高在上的部长难堪。但是他说的，总是可以一针见血地指出问题所在，对龙永图有所帮助。此外，此人最大的优点就是禁骂。不管你怎么骂他，他不仅不记仇，而且马上又能跟你开始讨论问题。

这样的人，正是在当时巨大压力下，所需要的最佳人选。对事情不敏感，对别人的批评也不敏感，但是他是世贸专家，对世贸问题简直像着迷一样，所以在龙永图脾气非常暴躁的情况下，在龙永图当时难以听到不同声音的情况下，有那位禁骂的秘书对龙永图就显得格外重要了。

成功入世后，龙永图的脾气好了很多，稀里糊涂的秘书已不再适合龙永图的"胃口"，于是龙永图很快把他送走了。至于送走的原因，并非是龙永图过河拆桥，而是入世之后，中国面临的是与各个世贸国家进行经济往来与交易，这是一项非常细致的工作，非细心之人是无法胜任的。所以，不同时间，不同的工作是需要不同的人来担任的。

不可否认的是，龙永图是位出色的领导，因为他非常清楚什么时候什么人最适合什么工作，什么时候该用什么人。什么时候不该用什么人，亦即是说，龙永图是能够知人善任的。

现在的领导者用人不仅要坚持"才德兼备，加强重用；有才无德，限制使用；有德无才，培养使用"的标准，而且还要知人善任。这是每一位领导者都要重视的一点。

说到底，知人善任就是要做到让每个人都获得合理的任用，发挥出自己的特长——这是领导者的根本工作。很多成功的经营者之所以创造了常人不敢想象的业绩，原因就在于他们知人善任，建立了属于自己的核心队伍。柳传志说过，领导者的任务就是"搭班子、定战略、带队伍"，这三个工作被认为是理想管理工作的三个基本元素。定战略，每个人通常都能够理解。但什么是"搭班子""带队伍"呢？这里说到底，实际上指的是人才的调配。也就是说，领导者要选择合适的人，并且要让不同学科、不同专业的人等有机组合，形成一个互相配合、协作共进的团队——在现实的管理实践中，这就涉及人员任用的整体规划。

与我们通常理解的不同，知人善任并非就是挑最好的人才，把最好的人才放在最好的位置上。事实上，虽然最好的人才是企业家理想的人才，但在现实中是寥寥无几的。人非通才，也非万能，只有"最合适的人才"才是明智的选择。研究表明，只有最适合企业的人才，才能很好地认同企业的文化，发挥他的积极性和创造性。领导者要学会"搭班子""带队伍"的原因也在于要学会对学历不同、专业不同、能力不同人员的合理调配。

搭班子就好比导演拍戏首先要选好各式各样的演员，要将一群人根据各自的能力和特点，扮演他们的角色。企业也是一样，要找一群能力各异的员工，分配其适合的工作，充分发挥其最大的效用，使其得到体现自身价值的机会。这是作为领导者，首要处理的问题，也是体现"以人为本"的原则。有了合理的班子，工作才能做下去，事业才能更好更快地发展起来。

而所谓带队伍，实际上就是在任用人才的时候要能够充分发挥他们的聪明才智，真正做到人尽其才，各尽其职。这与我们强调的善任有很强的关联——说到底，善任还是应当包含如何让人更积极地工作这方面的能力。而带队伍的内涵其实就是营造良好的工作环境，调动每个人的工作热情，培养每个人强烈的责任感、荣誉感、成就感。

归纳起来，领导者总是在做人的工作，从"知人"到"善任"，再进一步到"人员的合理调配"以及充分调动他们的积极性等，这些都是做人的工作。所以说领导者的主要职责是经营，但经营人是其中的核心要素。

03

冢臣章

[原文]

为臣事君，忠之本也，本立而化成。冢臣于君，可谓一体，下行而上信，故能成其忠。

夫忠者，岂惟奉君忘身，徇国忘家，正色直辞，临难死节而已矣！在乎沉谋潜运，正国安人，任贤以为理，端委而自化。尊其君，有天地之大，日明之明，阴阳之和，四时之信，圣德洋溢，颂声作焉。《书》云："元首明哉，股肱良哉，庶事康哉！"

[注释]

化成：教化形成。

冢臣：大臣。

沉谋潜运：运筹帷幄。

正国：匡正国家的失误。正，匡正。

端委：穿着礼服，意为端正自身姿态。

"元首明哉"三句：君言英明啊！大臣贤良啊！诸事安康啊！庶事，万事。

[译文]

作为臣子为君主办事，最根本的是恪守忠道。只有以忠道为本，然后才能收到教化、治理的功效。大臣和君主的关系，可以说是一个不可分割的整体，对于臣子的所作所为，君主能够予以信任，臣子才能够做到对君主恪尽忠心。

所谓忠道，不唯独是为君主而舍生忘身、为国家而弃亲忘家、遇事敢于直言进谏、君主一遭难而以死明节义等。其实，真正意义上的忠道应该是：深谋远虑，运筹帷幄，匡正国家的失误，任用贤明的人来治理国家，端正自身威严，使民众自然而然地受到教化，使国家兴旺发达。尊信君主，可使皇恩广布天地之间，有如日月一般光明，有如阴阳那般相互调和，有如四季那样依序运转。一旦君主的圣明之德广泛传播，全国上下就会出现一片欢乐、歌颂之声。《尚书》上讲："君主英明啊！大臣贤良啊！诸事安康啊！"

[现代管理启示]

与公司同呼吸、共命运

美国管理学家奥瑞森·马尔滕说："一个公司就如同一艘驶向成功的船，需要船长和许多的水手，而大家只有一个共同的任务和目标，那就是把自己分内的工作做到最好、最正确，并且尽力帮助同伴，努力将这艘船安全平稳地驶向目的地。如果工作不负责任，这艘船也许就会因为你而葬身鱼腹。"这段话寓义深刻，生动形象地描述了公司与员工休戚与共的关系。

公司好比一艘船，当你加入了一家公司，你就正式成为这艘船上的一名船员。这艘船是向前航行还是原地不动，取决于你是否与船上的所有船员同心协力、同舟共济。有个企业家被问到他为什么喜欢驾船远航时，他的回答是，航海和经营企业有着惊人的相似之处，即一个企业的发展需要全体员工的齐心协力，就像一艘船要破浪前进需要全体船员各尽其职，相互配合，才能顺利抵达目的地一样。

每位员工务必树立"这是我们的船"的理念。也就是说，每一个人都应该把自己服务的公司看成是一艘船，一艘自己的船，这样你才会主动、高效、热情贡献自己的力量，出色地完成任务，用心去打造属于自己的"船"；还要将你的领导、同事看作和自己同舟共济的伙伴，你们是一艘船上的合作者，而且只有每一个人竭尽所能做好自己的本职工作，这艘船才会向前远航。

每个人的命运都将和这艘船紧密地捆绑在一起，与船共命运、同生死，也就是所谓的荣辱与共、休戚与共。所以，你不但要为你的船贡献自己的才智，你还要保护你的船，不让它在中途抛锚或触礁搁浅。这就是主人翁精神，正如英特尔总裁安迪·葛洛夫曾说："不管你在哪里工作，都别把自己当成员工，而应该把公司看作自己开的。自己的事业生涯，只有你自己可以掌握。不管什么时候，你和老板的合作，最终受益者也是你自己。"

小王所在的是一家房地产开发公司，两年前进入公司，由于长相平平，加之学历不高，他每天就只是打打字，接触和处理的都是一些比较简单的事情。可是他为人细致，工作积极热情，而且对于地产开发有自己的思想。但是在人才济济的公司，由于他的学历不高，想法始终都被搁浅了。

后来小王听说，公司接了一笔大的项目，一次性投入了3000万元，原本以为此次公司可以在此项目上提高盈利，扩大规模。出乎意料的是，由于项目出了一点儿问题，3000万元的投资成了一笔死钱，既不能盈利，又无法收回，对公司产生了巨大的影响，从此业绩一落千丈。在此情况下，大多数的员工都选择递交辞呈，另谋高就，留在公司的员工已所剩无几。在众人看来毫不起眼的小王，也选择了留下来，与公司共患难、同命运。

由于原先公司的骨干成员已纷纷离去，导致公司的人力资源明显缺乏，老板也是一蹶不振。而此时此刻，小王竟然径直地走到老板办公室，直截了当地问老板："请问，你认为公司还有生还的余地吗？您对公司还有信心吗？公司是不是已经倒闭了呢？"老板很诧异地看着眼前这位毫无印象的员工，然后回答说："公司还没有倒。"小王说："那就好，只要老板说没倒，那公司就不会倒，老板是公司的未来，我们愿意跟您一起努力，渡过这个难关。"于是小王把自己对地产开发的一些想法说了出来，认为公司可以用剩余的资产，外加向银行贷款，先承接规模较小的工程，继而慢慢发展。

公司慢慢地走出了低谷，虽然用了很长的一段时间，但公司终于开始盈利，业绩慢慢地上升。那些当初与小王一起留下来的，都成了骨干成员。而小王的职务也从最低层，一跃成了公司的二把手。他们在公司最危难的时候选择了与公司共同面对、共同度过。他付出了忠诚，也赢得了回报。

与公司同呼吸、共命运的员工把公司的困难当成自己的困难，你付出了努力，付出了忠诚，不仅赢得了金钱，还有赞美与尊敬。

但是，在当今的职场中持这种心态的人却并不多见，有些人总认为："公司是老板的，我只是打工的，工作再努力，付出得再多，干得再出色，最后得到大量回报的永远是老板。"如果你有当过兵的朋友，或许你多少就会了解一些部队的事情，那么你也许会改变这种不合理的观点。每一个军人都非常清楚，自己必须和长官、战友同舟共济，否则他遇险的概率就会大大提高。在战场上每一个错误都可能意味着死亡。没有长官的谋划，没有战友的配合，你是无法独自完成任务的。我们常说"商场如战场"，这样的处世原则应用在商场也同样适合。

在商场上，出现一次的失误并不能代表着死亡，但没有哪个老板喜欢这种事情再次发生。如果再次发生，你可能还得重新选择职业。所以，你的利益和公司的利益是根本一致的，企业的发展也是保障你个人利益和发展前途的基础。因此说企业就好比一艘船，它需要所有船员（员工）全力以赴、相互配合才能把船划向成功的彼岸，同时，这艘船也承载着它的船员（员工），是他们的归属，也是他们安全的避风港，避免他们掉入大海。

其实，老板和员工都是这艘船上的一员，只是分工不同、角色不同而已。在企业这艘船上，老板是船长。这个职位赋予老板的不仅有权利，还有更多的责任。老板不仅要思考船舶的航向，还要避免触礁或者碰到冰山，更要保障一船人的安全。你一旦进入一家企业工作，就如同上了一艘船，你唯一的选择就是一丝不苟完成好自己的本职工作，每一个人都能这样，才能保证船在航行中不会出问题，平稳地前进。

戴维到某计算机配件制造公司时，公司还很小，只有十几个人，老板叫韦德，只是比戴维大3岁的年轻人。

就在戴维加入公司的当年5月，公司接到一笔加工60万个硬盘的订单，这笔订单能否顺利交接，直接影响到公司的发展。公司将全部资金都投入，尚且不够，便向银行贷款。意想不到的是，天有不测风云。一方面由于技术不过关，所生产的硬盘出现了严重的质量缺陷。第二年4月，60万个硬盘被悉数退回。对于一个小公司来说，这样的打击无疑是太沉重了：不仅没有盈利，反而还欠了银行一大笔钱。银行在得知硬盘被退了回来后，天天上门讨债。到月底，公司连员工的工资都发不出去了。韦德只好向他的朋友求助，借钱来发工资。发工资那天，他召开了员工大会，向员工讲述了公司面临的困境，并希望员工和公司共渡难关。可是在了解公司的困难后，几乎所有的员工纷纷提交了辞呈，不等韦德批准就收拾起东西走人了。

当那些员工纷纷离开公司的时候，韦德以为整个公司就只剩下自己了。可是当他走出自己办公室的时候，却发现还有一个人正在忙着工作，这个人就是戴维。他走到戴维面前，不解地问：“你为什么没有走呢？”

"我为什么要走呢?"戴维说,"难道你觉得这家公司已经破产了吗?"

"说实话,我对我的公司已经没有多大的信心了。"韦德难过地说道。

"不,我认为公司还大有希望,你是公司的未来,你在公司就在;我是公司的员工,公司在我就该留下来。"戴维满怀信心地说。

韦德当时感动得几乎掉下眼泪:"有你这样的员工,我没有理由不振作起来。可是,我不忍心你和我一起吃苦,你知道,我已经破产了,你还是快去找新工作吧!"

"老板,我愿意和你一起吃苦。在公司辉煌的时候,我来到了公司,如今公司有困难,我怎能离开呢?只要你没有宣布公司关门,我就有义务留下来。如果你愿意,我很乐意和你一起打拼,我可以不要工资。"

戴维留了下来,并把积攒的五万多美元全部借给了韦德。

韦德为了偿还银行债务,卖掉他仅有的汽车和房子。

在此后的日子,韦德和戴维转变了公司的经营方向,开始给一些软件公司寄销售软件,因为是寄销,他们几乎不需要投入多少资金。公司很快就有了转机,一年以后,公司迎来了快速发展期,迅速发展成为一家中型软件企业,资产也由原来的负数变成了几千万美元。

有一天,韦德和戴维在一家咖啡厅聊天。想起他们共同走过的艰难日子,再想到现在公司的发展,他们两人都会心地笑了。

让大家都想不到的是,韦德把公司50%的股权转让给了戴维。他说道:"在公司最困难的时候,是你给了我最大的帮助。在当时,我就想把公司的一半股权给你,可当时公司都快要破产了,我怕拖累你;现在,公司发生了翻天覆地的变化,我觉得应该把它交给你。同时,我诚挚地请你出任公司的总经理。"说着,拿出了聘书和股权证明书,证明书上标明50%的股权归戴维。

戴维对他服务的公司表现出了高度的忠诚。在公司处于危难之际，他没有离开公司，不仅如此，他还将自己的个人存款借给了韦德，与韦德一同挽救了公司，他的忠诚也为他赢得了丰厚的回报，可真谓与公司同呼吸、共命运。

从这个意义上说，每位员工都应是企业的主人，企业的兴亡不仅和每位员工的切身利益有着直接的关系，而且还维系在每位员工身上。所以，上了公司这艘船，就必须和公司同呼吸、共命运。这个道理在每个人进入职场之前，就应该明白。

和公司同呼吸、共命运，意味着在公司出现困难时，能够替公司解决难题。所以，你必须树立这样的意识：只要上了公司的船，自己就和船紧紧地捆绑在一起了。这艘船就是自己的船了。船的前途就决定着自己的前途，船的命运就决定着自己的命运了。船翻了，自己就会葬入大海之中。每个人都应懂得这个道理。

好员工不仅要意识到自己属于这个企业，而且认为自己必须为企业做些什么。你要忠诚于公司，忠诚于老板，就要努力地工作，支持老板，为他出谋划策，帮助他完善管理上的不足。公司就是你的衣食父母，要与公司同呼吸、共命运，公司好，员工的明天才会更好。

像老板一样思考

像老板一样思考，也就是一般所说的换位思考。如果你是老板，是处在决策者的位子，你的策略是什么，你的想法又是什么。这样一来，不仅可以让员工更加细致地了解自己的老板，理解他的困难、领会他的用心，而且还能让员工设身处地地为老板分忧解难。而对于员工自己，则会使老板对你的印象更加深刻。更为重要的是，像老板一样思考，让你站在老板的高度去思考企业所面临的问题。这会大大地开阔你的视野，提高你的能力。

必须承认，许多企业的员工与管理者的心理状态很难达到完全的一致，角色、地位和权利的不同，导致了心理状态的不相同。在许多员工的思想中，"公司的发展是由员工决定的"诸如此类的话只不过是一句空话。他们经常会对自己说："我只是在为老板打工，如果我是老板，我肯定会比老板做得更好。"但事实上，真的会如此吗？请看下面的例子：

郑松是一个颇有才华的年轻人，但是对待工作总是显得漫不经心。部门领导曾经就此问题和他交谈过，他的回答是："这又不是我的公司，我没有必要为老板卖命。如果是我自己的公司，我相信自己一定会比老板更努力，做得更好。"

不久，他便离开了原来的公司，自己独立创业，开办了一家小公司。"我会很用心地做好它，因为它是我自己的。"他满怀信心对他的朋友说。

可是半年以后，他的公司倒闭了，重新回到打工族群体，理由是"我发现原来有那么多的事要我去做，我实在是应付不过来了，当领导还挺难的"。

现在有许多受雇于人的人有着共同的观点："我是不可能打一辈子工的。打工只是暂时的，当老板才是最终的目的。"他们每干一份工作都在为自己挣经验和关系。等到条件成熟时，自己就当老板。这是一种值得敬佩的创业激情，但是如果抱着"如果自己当老板，我会比老板做得更好"的想法则可能适得其反。

其实，企业的管理者们希望员工"像老板一样思考"，树立一种主人翁意识时，并不是在暗示你有能力、有资历成为老板，而是提醒、鼓励员工累积经验、学习技能，对自己提出更高的要求。要知道，自己的工作并不是单纯地为了成为老板或是拥有自己的公司，而是在为老板工作，也更是为自己的未来工作。

像老板一样思考是对每个人的发展提出的一种更高的要求。以更高的标准来要求自己，无疑可以取得更大的进步，这其中包括：具有高度的责任心和进取心；更加重视服务顾客理念；心智得到更大的提高，赢得更加广泛的尊重；取得更多的合作机会；等等。

"打工皇帝"唐骏说："我跟我的直接上司来进行一对一的交流时，我就在想，他用这样的方式问我的时候，我的感受是什么。如果我是领导，我怎么样问我下面的员工，我当时一直是站在另外一个换位的角度来思考的，因为我将来想要变成经理。"他这么说也是这么做的：

唐骏于1994年加入微软公司，与其他员工一样，初来乍到的他，不过是一个微不足道的程序员。当时的微软，正在全球范围内推广Windows操作系统，但是由于各国语言不同，系统里的许多源代码都需要在英文版的基础上重新翻译改写，为此，微软组建了一个300多人的开发团队专门来做这项工作。即便如此，当年Windows NT的中文版产品，还是在英文版上市近大半年之后才被推向中国市场。对于这种现象，微软里的其他很多员工都是心知肚明的，但很多人也只是简单的思考与测验，并没有认真地想出解决的方案。但值得一提的是，进入微软公司不久的唐骏，也注意到了这种现象。不同的是，唐骏并没有像其他人一样，轻易就放弃了，而是下定决心要改变这种事倍功半的工作状态。于是，下班之后，他利用空余的时间反反复复地进行思考与验证，终于编写出了可以改变此种状况的代码。经过专家和老板的检验，此种代码是行之有效的。3个月后，唐骏的方案终于被微软总部采纳了，300多人的翻译团队一下子压缩成了数十人，没过多久他便快速地升为开发部门的高级经理。试想，如果唐骏没有把企业当作自己的，没有像老板一样思考，他是否时至今日还是一位普通的程序员呢？

像老板一样思考可以让每个人变得更优秀。你的老板之所以能当老板，是因为他有过人之处。如果你想提升能力，获得晋升的机会，就应虚心向你的老板学习，学习他处理问题的得当之处，学习他思考问题的方式。久而久之，你的能力也就会得到不断地提升，自然离你的目标也就越来越近。另外，你要想在工作实践中提升自身能力，还应该做好细节工作。那么，普通员工应如何在工作实践中提升自身能力，让自己变得更优秀？普通员工还应该关注于可能性而不是局限性。即在工作中把目光盯住可能发生的机会，做事先准备，努力让自己抓住机会。

因为你要达到你老板的高度还有一段很长的路要走，你必须建设自己的业务水平基础。专家还特别强调，要不断学习知识和技能，使自己具备合理的知识结构和专长，这样才能从普通走向优秀，从优秀走向卓越。

像老板一样思考，时时"想主人事，干主人活，尽主人责"，处处考虑企业利益，时刻关注企业的发展状况，把自己的本职工作做好，积极参与企业管理，才能在企业里真正得到老板的赏识，也才能真正得到老板的信任和重用。如果每个人都能够把自己当作公司的老板，以一种主人翁的精神来要求自己，无疑会获得上司的青睐，从而也会获得更多的晋升机会。

日本著名企业家井植熏曾说："对于普通职工，我仅要求他们工作8小时。也就是说，只要在上班时间内考虑工作就可以了。对于他们来说，下班之后跨出公司大门，他们喜欢做什么就可以做什么。但是，如果他只满足于这样的生活，思想上没有想干16个小时或者更多的念头，那么他这一辈子都可能永远是一个普通职工。否则，你就应当自觉地在上班以外的时间多想想工作，多想想公司。"想要出色，就要时刻关注工作，想要更出色，你就应该像老版一样思考。

作为员工，肯定会对老板或对公司有多多少少的抱怨，这就是因为员工总是站在自己的立场看待问题。如果每个员工都能自问一句："如果我是老板的话，我会怎样去做？"也许，你会发现原来对老板不理解的做法，将烟消云散。因为如果换成自己，也同样会这么做，或许处理得还没现在这么好。有些员工确实比老板更有才能，但由于从来没像老板一样思考过，所以他也只能是公司里的一名普通员工，不会有什么好的发展前途。每个人一定要明白，所有的老板都不会青睐那些每天只做8小时的工作，在公司按部就班工作的员工，他们所渴望的是那些能时时刻刻站在老板的角度看待问题的人，他们不喜欢"身在曹营心在汉"的员工，因为这样的员工只会做表面功夫，工作时也敷衍塞责，根本不会关心公司的发展和利益，如此不忠诚的员工也是每个老板所厌恶的。每个老板都希望他的员工在任何时候对公司内发生的任何事都能深入地思考、积极地行动，能够真正把公司的事情当作自己的事情来做。

作为一名员工，也只有当你真正地像老板一样思考的时候，而且只要积极行动必定会有所收获。因而，你所获得的评价也一定会提高，很快你也会脱颖而出。

当你以老板的角度思考问题时，你才能深刻地体会到老板的过人之处，深刻地感受到老板的不易，之前对其的不解也将豁然开朗；也只有你真正地像老板一样思考的时候，你才能够成为一名优秀的员工，因为当你十分明确自己对公司盈亏有义不容辞的责任时，你就会对你的工作态度、工作方式以及你的工作成果，提出更高的要求与标准。只要你深入思考，积极行动，那么你将备受青睐与瞩目，自然而然也就获得了更高的薪水，也终会成为一名老板或公司中举足轻重的人物。"像老板一样思考"，在平凡的工作中，为自己定下追求卓越的目标吧！

04

百工章

[原文]

　　有国之建，百工惟才，守位谨常，非忠之道。故君子之事上也，入则献其谋，出则行其政，居则思其道，动则有仪。秉职不回，言事无惮，苟利社稷，则不顾其身。上下用成，故昭君德，盖百工之忠也。《诗》云："靖共尔位，好事正直。"

[注释]

　　有国：国家。有，助词，放在名词前，无实义。

　　百工：各种官吏，即百官。

　　秉职不回：执掌职权办事，没有偏私。秉职，掌管职权。秉，操持，执掌。回，偏私，惑乱。

　　上下用成：一往直前。

　　"靖共尔位"二句：认真办好本职事，亲近正直靠贤良。好，爱好。

[译文]

　　国家的建设与发展，需要大量有才干的官吏，但是这些官吏只是身居高位而谨守常规，不知变通，并不能算是坚守忠道。所以君子侍奉上级的一般做法是：上朝晋见君主时则献计献策；执行公务时则施行上级的仁政；在家休息时，就反复思考治国之道；出门活动时，一举一动符合各种仪礼。并且坚守职责，一点也不徇情枉法；谈及事情自然也没有什么畏惧之态。凡是有利于国家的事情，就会一往直前，连自己的安危都不会顾惜。上下级能够互相配合，顺利完成各项任务，这样，就能使君主的恩德更加广泛。以上所说的就是官吏的忠道。《诗经》上说："认真办好本职事，亲近正直靠贤良。"

[现代管理启示]

团队力量来自忠诚

人们常说"人心齐，泰山移"，团队是一种智慧，是一种忠诚。团队成员应该拥有共同的目标且志同道合、相互了解。团队成员为共同目标努力奋斗，成员之间的行为相互依存、相互影响，并且能很好地合作，追求集体的成功。

在当今激烈异常、适者生存的时代，想要成功地生存，仅仅依赖于自身的力量是远远不够的。一滴水，只有放进广阔无边的大海里，才不会干涸。每个人的力量都是有限的，个人英雄主义只会让你陷入更大的危机，一个优秀团队的力量远远胜于英雄个人的力量。时代需要英雄，但更需要优秀的团队。只有优秀的团队，才能让你强大，也只有优秀的团队才能让你成功地生存。优秀的团队不仅可以培养集能力突出与尽心尽职于一身的优秀人才，还能造就出尽职、坚持、投入、合作的管理人才。只有这样的团队才能使企业朝着更高更远的目标迈进。在分工日益细致的当今社会，唯有团队协助，方能事半功倍。一个人没有团队精神将没有任何作为，如果只强调个人的力量，你表现得再尽善尽美，也很难创造很高的价值，所以说"没有完美的个人，只有完美的团队"。个人再完美，也就是沧海一粟，而一个优秀的团队才是能量无边的大海。一个优秀的团队的力量能如此强大，靠的是每名成员的忠诚。

忠诚是一个团队持续发展的动力。中国人自古以来便信奉"德才兼备，以德为先"的道理，而最大的德则莫过于"忠诚"。忠诚是我们的立身之本，忠诚而不媚俗，忠诚于自己的团队，每个员工都能忠诚于自己的团队，这样才能发挥团队的力量。可以说团队力量来自每个员工忠贞不渝地付出。发扬团队合作精神，就是体现每个员工的忠诚度，也只有每个员工忠诚度提升了，团队的力量才可以发挥出最大的效用。

今天的企业界已经达成一种共识：团队精神是各企业成长、发展的核心，一个一流的企业，不但要求有完美的个人，更要有完美的团队。完美的团队无外乎包含三个因素：协同合作、凝聚力与挥洒个性。协同合作是团队精神的核心，一个团队如果缺少了它，就不能称为团队；凝聚力是团队精神的境界，只有将每个人的力量与能力凝聚在一起，方能形成团队力量；挥洒个性则是团队精神的基础，如果没有个人，又何来团队，只有每个人都团结合作，才能体现团队精神。团队精神是看不见的堡垒；团队精神就是企业中各员工之间互相沟通、交流，真诚合作，为实现企业的整体目标而奋斗的精神。同心合力、团结共进、群策群力、众志成城，这些都是团队精神。

在森林中，面对狼、虎、豹等食肉动物的袭击，为何同为群居动物的马与羚羊，命运却迥然不同呢？一般而言，马可以成功地躲过攻击，而羚羊却只能成为狼、虎、豹等食肉动物的盘中餐。而有此结果的原因，则是群居的马合作意识非常强。马群紧密地团结在一起，使狼、虎、豹等食肉动物总是徘徊在其周围无法下手。每当狼来袭击时，成年强壮的公马会马头朝里，尾巴向外围成一个圆圈。把弱小的马围在中间。只要狼靠近，外面的马就会用马蹄扬起来踢狼，狼被踢中后，不死也重伤。因此很少有狼等食肉动物会袭击马群。相比之下，羚羊的命运可就惨多了。虽然它们也是群居，而且就个体来言，它们比马更加灵活，跑得更快，但却因为缺少团队意识，往往遇到食肉动物的袭击便四处逃散；而此时狼等食肉动物正好可以群起围捕，各个击破，整个羚羊群变成它们的美餐。

拥有团队精神的马群活了下来，而羚羊却被吃掉。正是因为羚羊缺乏团队精神。

一个人如果以个人英雄主义的态度对待所面对的团体，那么其前途必将一片渺茫。一滴水只有放进大海之中才不会干涸。同样，一个只有把自己融入到团队中去的人，才能取得大的成功。单个个人依靠自己的力量是无法获得成功，可是如果你将自己的力量与团队中其他成员的力量有机地结合在一起，你就会发现，成功其实离你并不远。在竞争日益激烈、分工日益细致的当今社会，每个人的知识、能力都是有限的，无法面对千变万化的工作要求。但如果把你"有限的知识、能力"与其他员工的能力、知识结合起来，就会形成一股合力，这股合力将会把你们导向成功。

一个优秀的团队应该是一个有机整体，团队中所有的成员有着一个共同的目标，并为这个目标努力奋斗。其成员之间的行为相互依存、相互影响，相互促进，并且能很好地合作，追求团队的成功。团队中的每个成员都要时刻准备改变、变通，以适应环境不断发展变化的要求。俗话说："团结就是力量。"团队精神可以使团队永葆青春活力，焕发青春光彩，不断创新，积极进取。

如果一个团队中每一个人都优秀到了无可替代的地步，那么这个团队就是世界上最优秀的团队了。在一个企业中，如果每一个员工都优秀到了无可替代的地步，那么这个企业不想做世界第一流企业都难。

企业也是如此。在现代的企业竞争环境中，我们根本就不可能只凭个人力量来提升企业的竞争力，而团队力量的发挥已成为赢得竞争胜利的必要条件，竞争的优势就在于你比别人更能发挥团队的整体力量。一个优秀的团队，可以把企业带到永续经营的至高境界；一个优秀的团队，可以更好地达到企业的经营和质量方针的目标；一个优秀的团队，是企业战无不胜、走向成功的关键因素。

一个企业就是一个团队，企业需要团结，需要团队成员之间相互配合、忠诚和奉献。一个团队有完整而长远的战略规划和发展方向，而团队的各个部分、各个成员都要围绕这个整体的战略和发展方向，互相配合，并在需要时做出某些个人利益上的牺牲。

团结就是力量，这是一条亘古不变，且永不过时的真理。谁不重视团队的力量，谁就将在一意孤行中败下阵来，甚至身败名裂。任何一名员工，都应该以团队为重，都应该重视和热爱自己所属的团队。要想成为一个优秀的员工，就应该团结一致，把自己融入企业中。只有每一个员工把自己融入企业中，才会发挥最大的力量。

忠诚是团队持续发展的动力。每个成员都要对团队忠诚，为团队做出贡献，这样的团队力量是强大的，是不可战胜的。也只有忠诚于团队的员工，才是一个好员工。

像老板一样积极工作

有资料显示，中国企业里有多达75%的员工是不敬业的。一般而言，员工资历越深，对工作也就越怠慢。平均而言，员工毕业后第一年参加工作时最敬业，随着资历的加深，他们的敬业程度逐步下降。当他们的敬业度逐步下降的时候，忠诚度也在下降。然而，只有敬业精神，才可以帮助我们获得成功。像老板一样积极工作，你就会有收获，你就会有成功的一天。

老板积极的工作态度值得每一个员工学习，他们的事必躬亲、勤勤恳恳，都是员工学习的对象。老板虽然拥有公司的决策权，不用对什么上司负责，但是，在公司里面，由大及小，哪件事情老板都关心、过目，他们始终冲在工作的最前面。也许你会说，老板这样做是因为老板是最大的受益者。但是，你反过来想一想，受暴风骤雨侵蚀最多的也是老板。如果老板不冲在最前面，公司又怎么可能得到发展？一个没有发展的公司，又怎么值得你去为它服务，它又拿什么来给你发工资呢？如果每个员工都像老板一样来对待工作，不仅老板的工作可以轻松很多，员工自己也可以在工作中学到更多的经验，提高自己的能力。这样一来，老板就可以有更多的精力来思考公司更重要的问题，公司就能得到更加长远的发展。因此，在公司里面，你要永远保持主动，不等老板交代，便去主动做自己应该做的事。

像老板一样积极工作，你就会成为一个值得老板信赖的人，一个老板乐于雇用的人，一个可能成为老板得力助手的人。像老板一样积极工作，你会像老板一样，热爱企业，倾心企业，同心同德为企业出力流汗。

只要努力工作，付出比别人更多的工作热情，付出比别人更多的汗水，你的汗水不会白白付出，你的工作表现老板都会看在眼里，你的才华不会被埋没。前提是你必须把公司当作自己事业的舞台，以老板心态去对待工作。老板站在员工的角度考虑问题，就能找到更适合管理员工的方法；员工站在老板的角度考虑问题，就能理解老板的不易，从而更加勤奋地工作。以老板的心态对待公司，你就会做一个严于律己的人，你会做到"吾日三省吾身"。经常回顾一天的工作，自己扪心自问工作时出了全部精力和智慧，有哪些地方做得还不到位、还不够好，需要总结改进的。以老板的心态对待工作、对待公司，你就会做一个积极向上的人。你会将工作当成自己的事业，将公司当成自己的公司，会更加努力、更加勤奋，更加积极主动地工作。

世界著名的成功学专家拿破仑·希尔曾经聘请一位年轻貌美的女孩当助手，她的任务是帮他拆阅、分类及回复他的大部分私人信件。当时，她的主要工作是听拿破仑·希尔口述，并记录下来。她的待遇和以前她所待的其他公司大致相同。有一天，拿破仑·希尔口述了下面这句格言，并要求她用打字机打印出来："记住：你唯一的限制就是你自己脑海中所设立的那个限制。"

她把打好的纸张交还给拿破仑·希尔时说："你的格言使我获得了一个想法，对你和我都很有价值。"

此事并未在拿破仑·希尔脑海中留下特别深刻的印象，但对那个女孩而言，却发生了翻天覆地的变化。她变得主动、积极、认真。她会在用完晚餐后立即回到办公室来，并且从事不是她分内而且也没有报酬的工作。她开始把写好的回信送到拿破仑·希尔的办公桌来。她已经研究过拿破仑·希尔的写信风格，因此，这些信回复得如同拿破仑·希尔自己亲手所写的一样，有时甚至更好。她一直保持着这种习惯，直到她辞去拿破仑·希尔私人秘书一职时为止。

一次偶然的机会，拿破仑·希尔有个男秘书辞职离开了公司，拿破仑·希尔开始找人来填补这个空缺职位时，他很自然地想到这个女孩。令他诧异的是，拿破仑·希尔还未正式给她任职之前，她已经主动地接收了这个职位。她上班时总是早到，下班后又是晚走，她的积极工作的态度，使她当之无愧地成为拿破仑·希尔的得力秘书。不仅如此，这位年轻小姐高效的办事效率也得到拿破仑·希尔的赞赏，积极的工作态度使得她的薪水多次得到提高，现在已是她当初作为普通速记员薪水的4倍，而且也让她成了对拿破仑·希尔有价值的员工。对拿破仑·希尔而言，她是一个非常能干得力的秘书。

请记住，一定要以积极的心态工作，既是为了得到那份薪水，也是为自己独立创业准备条件。所以，每一个年轻人，在踏入社会开始工作的时候，不必太计较薪水的多少，而一定要注意工作本身给予你的报酬，如技能的培养、经验的积累、品格的提升等。

以老板的心态对待公司，你就会站在老板的角度思考问题，定目标、谋发展，使自己更具创造力，使自己不断提高独立思考能力，向老板的素质靠近。"不在其位，不谋其政"的说法只不过是对自己没有岗位责任、缺乏敬业精神和不思进取、碌碌无为的一种辩解和托词。什么样的心态决定着每个人将来过什么样的生活。当你具备了老板的心态，你就会去思考企业的成长，就会去考虑企业的未来，把企业的事情当成自己的事情，就会感觉到自己肩负的责任重大，就知道什么是自己应该去做的、什么是自己不应该去做的，就会像老板一样去考虑问题，就会像老板一样行动。请记住，无论你做什么事，都必须要"敬业"！这种精神的有无可以决定一个人日后事业上的成败。如果你工作时缺乏敬业精神，那么你的工作业绩一定平淡无奇；如果你以积极的心态去做最平凡的工作，那么工作业绩一定是格外突出。每个人若能处处以主动、积极的心态来工作，那么即使在最平凡的工作中，也会有所作为。

钢铁大王卡耐基曾经说过："无论在什么地方工作，都不应该把自己只看成是公司的一名员工，而应该把自己看成公司的主人。"积极本身就是一种心态，一种美德。像老板一样积极工作，即使你没有成果，没有业绩，你那一份认真的态度、积极的心态，也会让你受益匪浅：老板会器重你，员工会尊敬你。"食君之禄，担君之忧"，只要你还是在这个公司上班，你就应该要积极地工作，既对得起你领的这份薪水，又可实现自我提高，何乐而不为呢？积极是无须老板告诉，不等老板吩咐，就发挥自己的能力，出色地完成了工作。努力做到为老板分忧解难，也让自己有所发展。

美国标准石油公司聘用了一位叫阿基勃特的年轻人。他有一个奇怪的习惯，那就是他每次签名都会在自己的名字下面写上"标准石油每桶四美元"几个字，在书信和收据上也不例外，但凡遇上签名，他都一定会写上这几个字。

此后，别人给他起了个绰号叫"每桶四美元"，久而久之，人们便不再记得他的真名了。

标准石油公司的老板洛克菲勒听说了这件事，想要见见阿基勃特，并说："如此努力宣扬公司声誉的人，我一定要见一见他。"于是邀请阿基勃特共进晚餐。

最后，阿基勃特成了继洛克菲勒之后的美国标准石油公司的第二任总裁。

阿基勃特在未成为总裁之前，就已经像老板一样积极工作，把自己当作公司的主人，时时刻刻关注公司产品的销量，就连签名也不忘了要宣传自己所在的公司。这样的事情，或许人人都会做，可是又有几个可以像阿基勃特那样坚持到底，而且乐此不疲，成为习惯呢？也许当时嘲笑他这一行为习惯的人不在少数，其中肯定也有不少才华、能力、见识都在他之上的人，但日后成为总裁的，却是他。这只证明一点，像老板一样积极工作，一定会让你有所得。

阿基勃特就是一位具备老板心态的职员。

有老板心态的人不一定都会成为老板，但没有老板心态的人肯定成不了真正的老板。那些职场中的佼佼者，往往是像阿基勃特那样具备了老板心态的员工。

真正敬业的人不仅会像老板一样工作，而且还会比老板更积极主动地工作。敬业的员工除了做好自己分内的工作之外，尽量找机会为公司做出更大的贡献，即使付出得不到什么回报，也不会斤斤计较。他们通常会在下班之后还继续在工作岗位上努力，尽力寻找机会增加自己的价值，尽量彰显自己的重要性。实际上，他们的头脑中会思考着公司的行动方向。一天工作十几个小时的员工并不少见，所以不要吝惜自己的私人时间，一到下班时间就率先冲出去的员工不会得到老板赏识和重用的。

任何工作都可能存在这样或那样的问题，抢先在老板发现问题之前，已经把解决问题的方案奉上的员工是深得老板赏识的，因为只有这样的员工才真正能减轻老板的精神负担。工作交到他们手上后，就不用再为此耗费大量的精力，可以腾出时间来思考别的事情了。事实上，能够做到这一点的人少之又少。如果你做到了，你就会得到老板的重用，那些受到老板重用之人，其实在功成名就之前，早已默默无闻地努力了很长一段时间。无论任何人，要想获取成功，都要长时间地努力和奋斗。成功是一种努力的累积，不论何种行业，要想登上顶峰，通常都需要积极的努力和敬业精神。

如果你只在别人注意的时候才有好的表现，你将永远也达不到成功的巅峰。你应该为自己设定最严格的标准，努力做得更好，而不是等待别人要求你怎样去做。如果你是一块发光发热的金子，终会有崭露头角的那一天。要想获得大的成就，你必须永远保持积极主动的心态，哪怕你面对的是单调平凡、枯燥无味的工作。积极主动地工作吧！这样一种工作习惯可以使你成为成功人士。那些获取了成功的人，正是由于他们用积极行动证明了自己敢于承担责任而让人百倍信赖。

如果你足够细心，只要观察一下你们公司那些晋升得比较快的人，就会发现这些人总是积极主动地去工作，而且愿意为自己所做的一切承担责任。要想获得成功，你就必须敢于对自己的行为负责，没有人会给你成功的动力，同样也没有人可以阻挠你实现成功的愿望。

如果想登上成功之梯的最高阶，你就要有永远敬业的精神，像老板一样积极地工作，像老板一样拥有积极主动的敬业精神。那些得到老板提拔、位居高层的人正是用他们自己的敬业行动来证明自己价值的。

05

守宰章

[原文]

在官惟明，莅事惟平，立身惟清。清则无欲，平则不曲，明能正俗，三者备矣，然后可以理人。君子尽其忠能，以行其政令，而不理者，未之闻也。夫人莫不欲安，君子顺而安之，莫不欲富，君子教以富之。笃之以仁义，以固其心，道之以礼乐，以和其气。宣君德，以弘其大化，明国法，以至于无刑。视君之人，如观乎子，则人爱之，如爱其亲，盖守宰之忠也。《诗》云："恺悌君子，民之父母。"

[注释]

莅：掌管，治理。

曲：邪僻不正。

正俗：端正风气。

守宰：地方官吏的泛称。

"恺悌君子"二句：和乐平易近人的君子，你如同民众的父母啊！恺悌，和乐平易近人。

[译文]

当官的人贵在办事严明，处理事情贵在公平合理，安身立命贵在清白廉洁。清白廉洁，就不会有什么私欲；公平合理，就不会邪僻不正；办事严明，就能使民众信服。清、平、明三条原则都坚持并且落实好了，才可以治理好一方百姓。一个贤能的人，能够竭尽自己的忠心和能力，并如实地推行政府政策法令，但却不能治理好一方，那是从来没有听说的事。老百姓没有不想过上安定的生活的，贤能的君子只要顺着民心民意，就能使老百姓安定下来；老百姓没有不想发家致富的，贤能的君子应当引导他们怎样走上富裕之路，同时还要以仁义使其厚实，借此来稳固民心；引导他们按礼制办事，多多受音乐感化，使他们的性情温和、平静。然后宣扬君主明德，使君主的教化更广泛，严明的国家法令以至不用刑罚。如果官吏们对待君主所统治的百姓视同自己的儿女一般，如此才能受到人民的爱戴，如同爱戴自己的亲人一般。这才是地方官吏的忠君之道。《诗经》上说："和乐平易近人的君子，你如同民众的父母啊！"

[现代管理启示]

履行职责是最大的忠诚

企业员工履行自己的工作职责是对公司、对自己一种负责任的态度，这种态度就是忠诚。员工履行职责就是按照公司的要求完成自己的工作任务，在工作中，经常会碰到这样那样的困难和阻力，就得自己想办法，尽自己的最大努力去完成，从小事做起，从点滴做起，从自我做起，只有把该做的工作做细、做到位，任务完成了，才能体现自己的能力和价值。

履行职责就是要求员工要做到干一行，爱一行，钻一行。不论你干哪一行，都要热爱自己的本职工作，钻研业务知识，并做到熟练掌握它，这样才能提升业务能力。每个员工进步了，才能更好地为企业服务，企业才能取得长足的发展。

履行职责，是职业良心的高度升华，是对团队所嘱托使命的忠诚和信守，是对个人名节和生命信念的勇敢护卫。履行职责，就是员工最大的忠诚。

只有坚守履行职责的员工，才会被老板赋予更多委托的机会，才能成为一个成功和充满荣誉的人。

一位刚毕业的大学生，应聘进了一家公司，他自认为学历较高、水平一流，对待工作马马虎虎、心不在焉。上班没多久，他的领导交给他一项任务——给一家著名的企业做一个广告宣传方案。

年轻人自认为才华横溢，水平一流。只花了一天的时间就把这个方案做完了，交给了他的领导。他的领导一看就给否定了，让他重新做一份方案。结果，他又用了两天时间，做好了一份方案，虽然觉得不是特别理想，但还能用，就递交给了领导。

递交之后的第二天，那个年轻人被叫进了领导的办公室，老板问道："这是你能做出的最好方案吗？"年轻人一愣，因为心中没底就没敢作答。领导把方案推到他面前，年轻人二话没说拿起方案，立刻回到自己的办公室。稍微调整了一下自己的情绪，重新把方案修改了一遍，又递给了老板。领导依旧还是那句话："这是你能做出的最好方案吗？"年轻人心里还是没底，不敢胡乱作答。于是，领导让他再仔细斟酌，认真修改方案。

此后，他回到了自己的办公室，苦思冥想了整整一个星期，把方案从头到尾又修改了一遍后交了上去。领导看着他的眼睛，仍然是那句话："这是你能做出的最好方案吗？"年轻人信心十足地答道："是的，这是我认为最满意的方案。"领导说："好！这个方案批准通过。"

此事之后的年轻人，心态为之一变，变得积极认真、勤勤恳恳，不再漫不经心。因为他明白了一个道理：只有认真负责地履行自己的工作，才能够把工作做得尽善尽美。在工作中，不要敷衍了事，一定要认真对待自己的工作。由此之后，年轻人工作得心应手，职位也是青云直上，越来越出色，受到领导的器重。

一个履行职责的员工，就是对企业忠诚的一种表现。一个履行职责的员工，都会尽心尽责，尽自己的最大努力，求得不断的进步。在现实社会中，有很多人认为履行职责是老板对员工的要求，其实不尽然。确实所有的老板都希望自己的员工恪尽职守，但我们应该明白履行职责不仅可以让我们得到应得的奖赏，还能实现自我升华，更是向老板展现自己忠诚的机会。所以无论你身处什么职位，都不要玩忽职守。只要你持之以恒地付出，坚持你履行职责的责任，那么你终将有所成就。切记，"一分耕耘，一分收获"，你把时间花在什么地方，就会在哪里看到成绩。可是，许多员工还是三天打鱼，两天晒网。这样的工作态度是永远也不会看见成就的。工作虽然累，但是如果你认真地、尽心尽力地去做，工作就会让你找到属于自己的成功之路。

世界500强之一的惠普公司就有这样一个忠诚的工程师。

美国的惠普公司的一个实验室致力于研究示波器技术。在此之前，惠普实验室招募了一位名叫查克·豪斯的工程师，此人不仅聪明伶俐，而且工作积极努力，态度认真。当时他正在研制一种显示监视器，但突然接到上司通知，要求他放弃这个研制计划。

对于上级的指示，查克·豪斯并没有理会，而是抓紧时间弄好了模型。此外，在他去加利福尼亚度假时，他沿途向顾客展示了这种显示监视器的模型。他想知道顾客的意见，渴望了解他人对模型的看法，更希望有人可以向他提出改进的建议。结果顾客们试用产品后反应都很不错。这更促使他继续进行研制这种产品的决心。

回到惠普公司实验室后，老板再次要求他停止这项工作。在他的苦苦相劝、陈述利弊之下，老板最终还是答应把这种监视器投入生产。令人称赞的是，当这种新型的监视器投入市场后，销售量达到了17000台，为公司赚了

3500万美元。

此事过后的两年,在惠普公司的一次工程师表彰大会上,老板给查克·豪斯颁发了一枚奖章,奖励他是"超乎工程师的正常职责范围,表现出异乎寻常地藐视上级指示"的人。

查克·豪斯自己却认为:"我并不想藐视上级或者不服约束,我是诚心诚意想使惠普公司获得成功。"

可见,真正的忠诚不仅仅是忠诚于公司,而是对工作、对自己的忠诚。只有忠诚的人才会全身心投入所喜欢的事业之中,他们会把自己的想法加入到工作当中。只有忠诚的人才能在自己的工作中一直保持着负责的态度。一个恪尽职守的和尚,即使中午要还俗,早上该撞的钟也不会漏。同样,一位履行职责的员工,即使下一时间段,就要被调离该部门,此部门工作上的事也一样不会怠慢。唯有人人都恪尽职守,企业才能有发展,同事才能有信任,自己才能有进步。

在企业里,经常可以看到这种事情的发生:一群人为产品或作业出的问题而相互推诿,争得面红耳赤,甚至大动干戈。此类的问题往往牵扯范围比较广,少则为本部门的人,多则为产品链上的各个部门。人人都喊冤,个个都说不是自己或本部门的责任,一时间,人人都成了演说家,人人也都成了辩论高手,更有甚者在不辞辛苦地辩解,真可谓人声鼎沸,热情高涨,忙得不亦乐乎。

其实这些人都在辩解干什么?——拼命地推卸责任,就是没有人愿意出来承担责任。很少有人会立即停止争吵,投入到检查事由、总结经验教训之中。产生这一现象的原因除企业制度、企业作业流程缺少责任机制外,再就是员工缺少职业良心所赋予的责任感,也就是没有履行好自己的工作职责。

先抛开制度不说，没有履行好自己的工作职责，也就是对工作没有尽到应有的责任。个别人因没有履行好自己的工作职责而导致作业质量问题，就良心而言，他已愧对公司、同事、工作、产品。因为原材料都是合格品，只是因为单个员工没有尽到责任问题，使本来可以成为合格的产品变为一件残次品，恪尽职守的同事辛辛苦苦地付出也付诸东流。而一旦这个产品流入客户手中，不仅伤害了用户的利益，同时又会给企业造成更大的损失——信誉危机。员工自己的忠诚、信誉度也会受到波及。

没有履行工作职责的员工，不仅危害公司利益，还损害自己的利益和前途，试想一下哪个老板愿意聘用一个没有责任心，不履行工作职责的员工？没有尽到责任心的员工，不认真做好自己的本职工作，同样没有履行工作职责的员工，也不会尽心尽职做好工作。没有履行工作职责的危害是极大的，轻者可能丢掉饭碗，重者可能进入班房。这绝不是危言耸听。

如果每个员工都以高度负责任的态度履行职责，企业产品或作业出的问题也不会有相互推诿的情况了，该是谁的问题，都会主动地承担责任。勇于承担责任的员工，一定是忠诚的员工，而忠诚的员工一定会履行自己的工作职责。可以说在工作中履行工作职责的员工，就是对企业最大的忠诚。

对工作负责就是敬业

爱岗敬业是一种品质，是每个员工必备的职业道德之一。对工作认真负责，就是敬业精神的具体体现。有高度的责任心；工作态度表里如一、一丝不苟；永远抱有激情，认真地对待工作，百分之百地投入工作，从来没有想过要投机取巧、敷衍了事，从来不会耍小聪明——这样的员工是敬业的员工，是最可爱的员工。

责任是生存的起点,不管是人类还是动物,责任能够创造奇迹。

帝企鹅只生活在严酷的南极冰原,它们完全颠倒了传统的父母角色。在冬季繁殖季节,雌性企鹅产卵后就迅速离开,到海里觅食。为珍贵的卵保温的工作直接落到雄性的肩上——准确地说,脚上。

雄性站在那里保护这个卵,用双脚保持它的平衡,并用被称为育儿袋的有羽毛的皮肤覆盖着它。在这两个月的时间里,雄性不吃不喝,任凭南极各种自然力量的摆布。小企鹅孵化后,雄性就用食管里一个腺体分泌的奶汁喂它。当雌性带着丰富的食物回来,吐给小企鹅吃时,雄性才离开,去海里为自己寻找食物。

因为责任,雄性企鹅可以持续两个月的时间一动不动地给企鹅卵取暖;也因为责任,雌性企鹅要千辛万苦去寻觅食物,以喂养它刚出生不久的企鹅宝宝。

在动物界,是责任让它们生生不息,让它们共同发展,但它们的责任是单向的,而不是双向的。但在人类生活中,责任却是相互的,是双向的。

责任是一种相互的,生活中,父母与儿女之间的责任,丈夫与妻子之间的责任;工作中,老板与员工之间的责任,上级与下级之间的责任。因为相互之间的责任,才会让彼此过得更好。在职场中,有责任心的员工,工作态度认真,是对老板负责,也是对自己负责。员工对老板负责表现为对工作负责,即是敬业,认真地完成老板交代的任务,出色地做好自己的项目,就可让老板少担一份心。相对而言,老板发挥管理才能创造利润,让公司正常运营,使员工不失业,即是老板对员工负责。

德国大众汽车公司的训言是:"没有人能够想当然地'保有'一份好工

作，而要靠自己的责任感去争取一份好工作！"有责任感的员工才能胜任好工作。因为有责任感，才能把企业的事情当作自己的事。

小刘是一家汽车修理厂的修理工，从进厂的第一天起，他就开始不停地发牢骚，什么"修理这活太脏了，瞧瞧我身上弄得"，什么"真累呀，我简直讨厌死这份工作了"……每天，小刘都是在抱怨和不满的情绪中度过。他认为自己在受煎熬，在像奴隶一样卖苦力。因此，小刘每时每刻都窥视着师傅的眼神与行动，一有空隙，他便偷懒耍滑，应付手中的工作。

转眼几年过去了，当时与小刘一同进厂的三名员工，各自凭着自己精湛的手艺，或另谋高就，或被公司送进大学进修了，唯有小刘，仍旧在抱怨声中做他的修理工。

对于企业来说，员工的能力很重要，但是更关键的是，员工是否具有责任心，是否能在自己的职位上兢兢业业，是否能对工作负责。

责任是我们每个人必须承担的，无法逃避。社会关系中，到处都是责任。就像作为丈夫，对自己的妻子有责任一样，一个选择就是一份责任。一个工作，就意味着责任。坚守责任就是坚守我们自己最根本的人生义务。在这个世界上，没有不需承担责任的工作，也没有不需要完成任务的岗位，工作的底线就是尽职尽责。

员工的责任心会产生很大的力量，能使企业在竞争中立于不败之地！

海尔的一位员工这样说过："我会随时把我听到的、看到的对我们海尔公司产品的意见记下来，无论是在朋友的聚会上，还是走在街上听陌生人说话。因为作为一名员工，我有责任让我们的产品更好，有责任让我们的企业更成熟、更完善。"这就是海尔人的责任意识，这就是海尔的产品能够畅销全球的"核心"秘密。

责任就是为企业的利益着想，时时刻刻把企业的利益放在首位。一个对工作负责的员工，会对自己的所作所为负起责任，并且持续不断地寻找解决问题的方法。英国首相丘吉尔有一句名言："伟大的代价就是负责。"世界上很多伟人，他们在拥有崇高地位的同时，也担负着常人无法担负的责任。就是这种对自己职位负责的态度，使他们为社会、为国家做出重大贡献。只有那些勇于承担责任的人，才有可能被赋予更多的使命。在担负起责任的同时，也为自己积淀着成功的人格基础。

责任源于对事业的热情。如果你不能把工作当作一份事业，那么责任就无从谈起。托尔斯泰说："一个人若是没有热情，他将一事无成，而热情的基点正是责任心。"尽责就要敬业，工作需要热情。只要真心投入，激情满怀就会心潮澎湃。

责任源于对价值的追求。人生价值的体现，需要工作来实现，它取决于负责任的态度，更得益于负责任的实践。不管在什么位置，我们都应该挖掘自己最大的潜能，展示自己的最大价值。

刚从大学毕业的两个同学——小张和小孙，应聘进了同一家软件开发公司工作。更巧的是，他们两个人都被分配到了程序编辑组，有机会接触到公司最高核心机密。

他们所面临的社会，是一个充满陷阱和诱惑的社会，加上软件行业竞争相当激烈，自从他们进入程序编辑组那天起，接二连三就有竞争对手想方设法地从他们那里套取机密。

起初，面对各种诱惑，小张和小孙都不为所动。但是，时间一长，在各种诱惑的轮番轰炸下，小张心里开始动摇了。为此，小张和小孙还吵了一架。

"我真想不明白，对方开出那么高的价钱，顶得上我们两个人一年的工资，为什么不能答应？"小张说。"我们公司的竞争对手出资15万元购买我们俩参与的一项软件的数据库。那是违背了我们的做人原则，背叛公司是可耻的。"小孙说。

"我知道你很正直、忠诚，可正直、忠诚能值几个钱呢？"小张说。

小孙听同学说出这样的话来，就非常生气。

"再说，我们卖出去，公司也未必能够发觉，即使发觉，也未必知道是我俩干的，我们小组可有二十几个人呢。"小张还在说。

"别说了，反正我不同意！"小孙终于吼起来了。

小张看到小孙生气了，便假装表示放弃。暗地里决定瞒着小孙出售数据库。

15万元很快进入了小张的腰包，谁也没有发现，包括小孙在内。但是，两个月后，竞争对手抢先一步推出相似软件，迅速占领市场，这让小孙所在公司为此损失数十万元时，公司终于知道有人出卖公司机密，于是开始着手调查此事。

毋庸置疑，小孙首先想到的是小张。

小张也向小孙承认了出卖数据库的事。

"我知道你不会同意我那么做的，所以我瞒着你卖了公司的机密；我知道你是我最要好的朋友，不会揭发我，所以我坦然地向你承认了。"小张说，"我们利用这笔钱去开家公司，别在这儿打工了。"

"不，小张，你是我的同学，但是你做错事了，我一定要揭发你！"

小张非常震惊，十几年的友谊啊，难道友情一下子就没有了？小张抬起头来，想阻止小孙去揭发他，但当他看到小孙眼中含着泪花时，小张又低下了头。他明显感受到了小孙心中的痛苦。

两天后，小孙向公司检举了小张。正当公司准备向公安机关报案时，小孙和小张一同走进了老板的办公室，小张还带着那张15万元的支票。

老板要奖励小孙，被小孙拒绝了，因为他说他出卖了他的朋友，虽然朋友做错了，但毕竟是朋友。

小张交出15万元的支票，并主动要求承担法律责任，因为15万元远远不能弥补公司的损失。

面对两个年轻人的决定和负责任的态度，老板足足愣了5分钟。最后，他终于开心地笑了，他走过去，拥着两个年轻人的肩膀说："我太高兴了，公司虽然损失了数十万元，可我拥有了两个最优秀的员工，一个员工为了忠诚于公司可以背叛十几年的友谊，一个做错了事能够主动承担责任，你们的价值远远超过了所损失的数额！这件事就当没有发生过，到此为止，以后我们共同努力。"

此后，公司停止了泄密调查。这两个年轻人还继续在公司搞软件开发，六年后，两个人分别担任了技术开发部总经理和市场推广部总经理，他们的公司，也已经成为全国知名的软件开发企业。

现在的企业越来越强调"责任"二字。员工的责任心不仅是企业的防火墙，也是员工做好本职工作的最主要条件之一。员工进入企业后，便成为企业的一部分，企业要发展就必须协调好每一部分的工作，这就需要员工对本职工作的责任心有更高的要求。

身在职场，要时时刻刻记住，对工作负责不仅仅是一个道德概念，而是我们必须做到的。对自己的工作能否胜任，是由你的行动决定的，勇敢承担工作中的各种压力，勇敢面对工作中的各种困难，不推卸责任，一丝不苟地对待工作！

管理者在忠诚建设中的三项修炼

在忠诚建设中，管理者要从自身做起。在要求下属忠诚于公司之前，首先自己要忠诚于公司；在要求下属尊重你之前，你首先要尊重下属。管理者在忠诚建设中的三项修炼是：提升自身素质，加强管理技能；爱岗敬业，勇于担责；尊重员工，关心员工。

第一，提高自身素质，加强管理技能。

企业的各项权力分散在层层管理者手中。管理当然要使用权力，但成功的管理者除了使用权力外，更多地利用非权力管理艺术，用个人魅力去感召员工，让员工心甘情愿地追随在自己身后，心甘情愿去实现你的工作意图。

管理者需要经过不断地学习、反省、自悟才逐渐掌握做人、做事深刻的道理。高素养的管理者需要时间和失败的洗礼，需要挫折和痛苦的磨砺，更重要的是需要平和的心态和勤奋的学习。我们看到许多优秀的管理者，他们的经验都是经过了千锤百炼的磨炼后才获得的，一个没有经过实践磨炼的人，不可能成为高素养的管理者。

称其为管理者的一项重要原因是，他拥有高超的管理技能，可以让公司上下一心，齐心协力地工作。如果一位管理者有实权，却没有管理技能，只会让公司业绩下滑、人心涣散、毫无干劲。更为严重的是，一旦出现问题，在层层追究、步步检查之下，蓦然发现，管理者才是始作俑者。此时，作为一个管理者，你威信何在，你又何以对得起你的称号、你的员工？所以，作为管理者，切记一点，你是公司的核心，拥有高超的管理技能方能让你的公司有所发展，蒸蒸日上。"根厚而树大"，你必须拥有高超的管理技能，才能合理地安排员工的工作，有效地组织员工建设，在同样的时间内，创造出更多的成果。

企业管理是一项系统工程。管理者首先必须知道自己在企业是什么角色，职责任务是什么，该干什么，不该干什么。必须做到在其位，谋其职。作为一个管理者最重要的一项品质就是要有敬业精神，是否有敬业精神是管理者合格与否的重要标志。敬业是对工作的一种态度，这种态度能反映出你是否忠诚于公司。管理者的敬业精神，可以带动员工积极工作，也是企业发展的核心凝聚力。作为管理者不仅要能激发下属跟随你一起工作，以取得共同目标，而且能创立一种机会和成长并存的环境。在这种环境下，每个人都想抓住机遇，做出显著成绩。管理者在了解员工的基础上要信任他们，给他们舞台，让他们充分发挥。当然，要让下属长期保持旺盛的士气，绝不是一件容易的事。不仅要制订一套详细的规章制度和按劳分配、多劳多得的薪酬奖励分配方案，给每一位员工提供公平、公正的竞争环境，还应当采取精神奖励和物质奖励两种方法。另外，给下属指出奋斗的目标、帮助下属规划好自己的人生等。综合运用各种激励手段使全体员工的积极性、创造性、企业的综合活力，达到最佳状态。

完美的素质，一般而言是包括道德的方方面面。可对于管理者而言，素质更多的是指爱岗敬业、知人善任、积极、宽仁等。

第二，爱岗敬业，勇于担责。

员工爱岗敬业，可以迎来更多的升迁机会；而管理者爱岗敬业，则会将公司导向新的发展阶段。爱岗敬业是管理者搞好工作的前提。只有爱岗敬业，才能担当起公司赋予更多的责任。

作为一个合格的管理者，爱岗敬业是其必备的职业操守。管理者能否真正做到爱岗敬业，是关系到企业生死存亡的大事。管理者只有真正做到爱岗敬业，才能做好本职工作，管理好员工。只有爱岗敬业的人，才会在自己的工作岗位上勤勤恳恳，不断地钻研学习，一丝不苟，精益求精，才有可能为社会、为国家做出崇高而伟大的奉献。另外，管理者还要学会敢于担当责任。当管理者把工作布置给下属后，下属遇到困难，或者没有办好，上级指责和追究时，管理者要主动承担责任，为下属解决疑难，不要推卸责任，或训斥批评，只有这样才能赢得下属的信任。这样，下属才能放开手脚，管理者的工作也才能顺利开展。

管理者对待工作要爱岗敬业，勇于担责，首先体现在要严于律己，恪尽职守，求真务实，养成良好的工作作风。干一行，就要爱一行，首先对待工作就要有强烈的事业心和责任感。作为管理者所从事的工作带有较强的执行性和服务性，就应该严格要求自己工作必须勤劳、踏实、细心，多干实事，狠抓落实，不说大话、空话，不作表面文章，服从领导和上级组织的工作安排，使自己的每一项工作都能禁得起领导和实践的检验。认真对待自己的岗位，对自己的岗位职责负责到底，无论在任何时候，都尊重自己岗位的职责，热爱自己的岗位。只有严于律己，爱岗敬业，恪尽职守，才能在工作中少出差错、不出差错，才能勇于担当责任，担得起责任来。

在一年的夏天，学校放暑假之后，洛克菲勒决定找一份临时工来锻炼自己。第二天，他早早地来到了面试地点，即使这样，在他之前依旧还有许多人在排队等待面试。终于轮到他面试了。"你想找个什么样的工作呢？"一位面试官问道。"你们所有工作中薪水最低的工作！"那时的洛克菲勒正处于生活中的低潮，他觉得自己急需一个新的起点，哪怕是最底层的。他被安排在组装线上。他的薪水只有每小时20美分。那时公司正在为陆军制造机车手提灯。他的工作是把带着铜铆钉的带子缠绕在铁环上。整个公司最简单、枯燥工序的工作就是他所干的这份工作，有的同事甚至戏称这份工作连几岁的小孩子都可以胜任，但他还是干得有滋有味、勤勤恳恳。

每天把带着铜铆钉的带子缠绕在铁环上之后，洛克菲勒都会看着焊接剂自动滴下，沿着罐盖转一圈，然后再看着焊接好的罐盖被传送带移走。他下定决心要把第一份工作做好。

洛克菲勒开始认真检查罐盖子的焊接下来的质量，并用心研究焊接剂的滴速与滴量。他发现，每焊接好一个罐盖，焊接剂要滴落39滴；而经过周密计算，只要38滴焊接剂就可以将罐盖完会焊接好。经过反复测试、实验，最后，洛克菲勒终于研制出"38滴型"焊接机。用这种焊接机，焊接每只罐盖比原先节约了一滴焊接剂。可是，就是这不起眼的一滴焊接剂，一年下来就为公司节约出数十万美元的开支。年轻的洛克菲勒就此迈出了日后走向成功的第一步，直到成为世界石油大王。

洛克菲勒的成功是从他坚定地热爱自己的本职工作开始的，是从忠诚于自己的工作岗位开始的。不能因为你所干的工作简单、枯燥而不认真对待，唯有干一行，爱一行，钻一行，你才能学到更多，获得更大的进步。

除了爱岗敬业外，优秀的管理者也是要勇于承担的。每个管理者都要筑牢责任的防线，而筑牢责任的防线的第一步就是自己敢于承担责任。一个负责任的管理者，才会引来一群负责任的下属为你工作，向你表示忠诚。

第三，尊重员工，关心员工。

随着社会经济的不断发展，企业管理制度的不断创新，特别是现在"以人为本"思想逐渐进入管理领域，"以人为本"思想落实到实际管理中就是尊重员工，关心员工。尊重员工，关心员工最重要的一点就是，不仅只考虑企业的利益，而且还从社会的角度出发，尊重每个员工的权利、价值和愿望，乃至关心他们的成长和未来。

尊重员工，关心员工，首先要信任员工。人有自动的、自治的工作特性。一般来说，大多数员工在执行工作任务中能够自觉地完成，正常情况下，一般员工不仅乐于接受任务，而且会主动担当责任，并且人群中存在着广泛的高度的想象力、智谋和解决组织中问题的创造性。作为管理者，你的职责之一就是充分调动员工的积极性和创造性，而对员工的信任是使他们充分发挥主观能动性，积极履行职责，进而为企业发展添加动力。管理者如何调动员工的积极性和创造性，这就需要运用激励方法来实现。

随着社会经济的迅猛发展，在现代企业管理中，激励员工，特别是知识型员工，光靠物质利益奖励，已经很难奏效了。发自内心地尊重员工，这样一种非经济激励方式，则越来越具有重要意义。

尊重员工，关心员工就要满足员工正常的需求，以充分发挥员工的内在潜能。在现代工业条件下，普通人的潜能没有被完全挖掘出来，人的身体中蕴藏着巨大的潜能。马斯洛的需求理论认为人有五种基本需要，包括低级的生理需要和较高级的社会心理需要。我们的企业以人的生理需要为基础，首先满足员工的衣、食、住、行等基本需求。随着社会的不断发展和人们思想观念的转变，迫使我们必须将目光转至如何使员工将主观能动性进一步放在自我实现的需要上，以使他们发挥内在潜能，让员工为自己的未来而自觉地去奋斗、去追求，集全员的智慧，齐心协力推动企业向前发展。

06

兆人章

[原文]

天地泰宁,君之德也,君德昭明,则阴阳风雨以和,人赖之而生也。是故祗承君之法度,行孝悌于其家,服勤稼穑,以供王职,此兆人之忠也。《书》云:"一人无良,万邦以贞。"

[注释]

祗承:恭敬地遵守。

孝悌:孝顺父母,敬爱兄长。也作孝弟。

稼穑:种植和收割。泛指农业生产劳动。

兆人:指百姓。

"一人无良"二句:天子道德品行高超,天下百姓都会忠于他。一人,指天子。元,大。良,好,善。贞,正,纯正。

[译文]

普天之下安泰祥宁,这是君王的品德感化所致。只要君主的恩德彰明广大,那么就会阴阳调和、风调雨顺,百姓就能靠自然界的调顺而生存。因此民众应当恭恭敬敬地遵守君王所制定的各种制度、法令,在家孝敬父母、尊敬兄长,努力劳动搞好生产,以满足家用,并向君主上缴赋税。这就是作为一个普通老百姓所应恪守的忠道。《尚书》上说:"天子道德品行高超,天下百姓都会忠于他。"

[现代管理启示]

忠诚是一种义务

忠诚是一种义务，不同的人有不同的忠诚对象，作为公民，应对国家忠诚；作为丈夫，须对妻子忠诚；而作为员工，要对企业忠诚。忠诚是一种义务，它强调的是，无论你处在什么岗位，拥有什么样的职权，你都必须拥有忠诚的心态与素质。

忠诚是发自内心的情感。忠诚让工作变得更有意义，忠诚赋予你工作的激情，忠诚的人感觉工作是享受，不忠诚的人认为工作是苦役。拿破仑说："不想当元帅的士兵不是好士兵。"他还说："不忠诚于统帅的士兵没有资格当士兵。"在这里我要说："一个不忠诚于公司的员工也不是一个好员工。"

如果你受雇于老板，就应忠诚地为他工作。因为忠诚是你的义务，这种义务是发自内心的，而没有附加任何条件。对企业发自内心忠诚的员工才能积极、主动地工作，也才能创造更多的价值。只有真心地付出，才能收获更多的利益。

忠诚是义务的同时，也是品德。你对企业出于义务上的忠诚，不仅会让你得到物质上的奖赏，也会让你迎来精神上的赞扬。因为忠诚是对一个人的最深度的评价。忠诚是对自己所坚守的信念的忠实和虔诚。

任何人都有责任去维护和信守忠诚，这是对自己、对公司的一种负责的态度。丧失忠诚，就是对责任最大的伤害，也是对自己品行和操守最大的亵渎。

忠诚是一个人的荣誉，而丧失忠诚就等于丧失了立身之本。每个人都应把忠诚看作自己的荣誉，要忠诚自己的公司，不背叛公司。面对诱惑，能够做到不为所动。因为诱惑是忠诚最大的陷阱，也是对忠诚最大的考验。有许多人禁不住考验而丧失忠诚，昧着良知出卖了公司的一切。其实，当他在出卖公司一切的时候，也出卖了自己。一般的人都会认为，对公司、老板忠诚，就仅仅只是不透露公司的机密而已，其实不尽然。对老板忠诚，除了能不为物质诱惑所动外，还包括精神诱惑。

李小姐是方经理的秘书，勤快大方，分内事情处理得井井有条。可谓是方经理的得力秘书。可是如此出色的李小姐，方经理一次也没夸奖过她，因为在他看来，工资的增长才是最好的表扬。可涉世不深的李小姐却不这样认为。原来在学校里，她总是老师夸奖的对象，同学表扬的人物。她的身边充满了赞美之声。可是，工作以来，除了见涨的工资，她没有听见一句来自老板的表扬，久而久之，心里就积压了不满。

随着工作时间的增长，她对致电来访方经理的每位老板都了如指掌了，特别是程经理。因为但凡程经理来电，总是不忘夸奖李小姐。不是说她聪明能干，就是说方经理有了她就如虎添翼之类的话。有一次，程经理半开玩笑地说："如果能有你这样的秘书，我就心满意足了。"之后的几天，李小姐就对此话念念不忘。终于在此之后的一个月，她毅然决然地走进方经理的办公室，重重地拍了方经理的桌子，然后提了包就走了。方经理半天没回过神来。

李小姐来到了程经理的公司，希望程经理聘用她为秘书。可出乎意料的是，程经理拒绝了。他拒绝李小姐不是因为他言而无信，而是他把李小姐定为一个不忠诚的员工。为了几句赞美，李小姐对在方经理那里的工作没有任何交代，也没有任何预兆，说不干就不干了。这是对工作的不忠诚。而且，一个会对原来老板拍桌子的员工，你怎么能保证她会对你忠诚呢？

李小姐的行为显然也是一种不忠诚，虽然这种不忠诚没有出卖公司机密来得直接，但也算是一种不忠诚。这种不忠诚的结果就会搬起石头砸自己的脚，倒霉的还是自己！因此，在现实社会中，除了警惕物质利诱外，还应警惕糖衣炮弹的诱惑。

恺撒大帝说：我忠诚于我的臣民，因为我的臣民对我忠诚。

莎士比亚说：忠诚你的所爱，你就会得到忠诚的爱。

当你对公司付出忠诚，尽自己的义务时，你的公司也会对你做出相应的回报。只有你对别人先付出了忠诚，他人才有可能对你忠诚。

在任何一个公司里，如果你希望得到老板的赏识，得到升迁的机会，首先一条就是你必须忠诚于他。无论你多么优秀，没有忠诚，没有哪个老板愿意把最重要的事情交给你去做，你也不会得到升迁，受到老板的重用。

刚刚进入公司工作的郑洁，担任的是前台的工作，同事们都觉得前台的职位不需要什么技术含量，是没有发展前途的。但郑洁却不以为然，她下决心要在这个岗位上做得有声有色。

干劲十足的她，花了一个晚上的时间就将公司电话联系表上的所有电话背了下来。有同事笑话她没事找事做，联系表上的电话不需6秒就能找到，但她认为即使是6秒也不能耽误客户的时间，因为她的工作目标是"问不倒，答得快"。更让人值得学习的是，她以公司的简介做封面，换掉了之前那本又黄又破的登记本。她想让每一个来访人员都对公司产生一个好印象。

工作不久之后的一天，公司接待了几位从外地来拜访的客户，郑洁安排他们在大厅等候。由于是第一次合作，这几位客户拿着公司简介饶有兴趣地翻看着，郑洁看到后，主动走上前去彬彬有礼地说："如果可以的话，请允许我耽误大家一点时间，我想为我们公司做一个简单的介绍。"郑洁仅用了10分钟，就详细地讲解了公司的发展过程、内部结构、部门职能，以及近几年的销售业绩和荣誉称号等。听完郑洁的介绍，相当诧异的客户向前来接待的市场部经理夸赞道："贵公司的一位前台人员都对公司业务如此了解，真是很了不起，我们对此次合作很有信心。"事后，经理问郑洁如何把销售数据记得一清二楚，郑洁回答说："每次公司开会，我都会把公司会议记录下来，分门别类地详细整理。"为了更好地为服务公司，她甚至为了确保每一个电话都能及时接听，就每天少喝水以减少去厕所的次数。在她看来，也许公司的一次重大项目就在某个电话中。久而久之，部门经理就对她刮目相看了。除此之外，郑洁每天吃完午饭都要把大厅打扫一遍，同事说有专门的清洁人员，她没必要如此辛苦，她却说："清洁人员每天早上负责打扫，但中午过后大厅就脏了起来，一定要确保公司时刻整洁。"

很快，郑洁认真负责的态度赢得了老板的认可和赞扬。正因为如此，郑洁不但年年被评为优秀员工，还升迁担任了公司的行政部经理。

工作虽有岗位之分，但没有责任之分。忠诚于自己的岗位，是每一个工作人员都应该做的，每一个人都应该为公司的共同利益，尽到自己的义务。

一个不为利益所动，选择忠诚的人，不仅不会失去机会，相反，还会得到更多的机会，因为每个企业都需要这样忠诚的员工。这样的人在事业上也一定能够取得成功。

为了一点点个人的利益而损害公司利益的人，在任何一家公司都不会受欢迎，因为在出卖公司利益的同时，也就丧失了做人的尊严。任何人都会在心底鄙夷这种见利忘义的人，哪怕是从你手中获益的人，这样的人在事业上是很难取得成功的。

在商场如战场的今天，没有忠诚的员工，任何一家公司也难以在激烈的竞争中生存下来。对一个员工来说,必须忠诚于自己的公司,这是公司能够得以健康发展和运营的基本保证。只有忠诚于自己的公司,公司才能得到发展,如果公司没有得到发展,个人利益又从何而来呢?公司受到损害,你的利益也得不到保障,所谓"大河干,小河枯",正是这个意思。

任何一个公司的老板只会重用那些对公司忠诚的人,而把那些对公司毫无责任心的人拒之门外,哪怕他们多么有才华。忠诚地为老板工作吧,付出你的忠诚也就是付出自己的义务,你会发现你将获得更多的收获。

忠诚是一种信仰

一个人有没有信仰,是至关重要的事情。有没有信仰,决定着一个人的人生发展。没有信仰,就会失去把握自身命运的能力,其人生可能得不到多大的发展;有信仰,就可能调动自身的一切力量,将力量集中到人生目标之上,从而改变自己的命运。有信仰就有凝聚力、有动力,也就有战斗力;有了信仰,就有了前进的精力、动力,有了信仰,就有了美好的明天。若你能够认识到信仰的重要性,那就从现在开始树立自己的人生信仰。

在西方一直流传着这么一个故事,传说上帝造完人之后,发现泥土做的人都很脆弱,大雨一淋就散架了,大风一吹就倒下了。于是,上帝给人插了一根脊梁。从此以后,人就可以顶天立地、迎风冒雨了。这根脊梁就是"信仰"。这虽然是一个传说,但说明了信仰对人的重要性。

信仰一词,来自梵语,是指人们对某种学说、理论、主义的尊崇和信服,并把它奉为自己的行为准则和活动指南,是一个人应该做什么和不应该做什么的根本准则和态度,是对人生观、价值观和世界观等的选择和坚持。它具有生活价值的定向功能，社会秩序的控制功能，社会力量的凝聚功能，行为选择的动力功能，等等。中国共产党之所以能够带领亿万劳苦大众推翻压迫人们的"三座大山"建立新中国，就是因为他们最大的信仰是追求实现共产主义。为了这一追求，很多志士仁人不惜抛头颅，洒热血。

在阐述了信仰之后，再来看看忠诚和信仰有什么关系。仅个人观点：忠诚是一种信仰，是一个人生命中最重要的行为准则之一。当一个人能够以忠诚作为基本准则，来决定自己该做什么、不该做什么时，就能够为国家、社会、企业创造价值，是一个国家、社会、企业的必不可少的人才。当你信仰什么，你就会支持和拥护什么，并与你所支持和拥护的对象站在同一立场。作为一种立身处世的信仰，忠诚也是行为的导向。如果你不忠诚于你的公司，你的表现就会截然相反，可能会希望你的公司厄运连连，甚至明天就倒闭。如果你忠诚于你的公司，你就自然不会去做有损公司利益的行为，而且他人做这种行为时，你会感到愤慨，并挺身而出去制止。像维护公司利益的员工，在现实中也有不少这样的例子。

张强是一家钢铁公司的车间技术员，刚开始工作不久，就发现许多炼铁的矿石并未得到充分的冶炼，很多矿石中仍残留着尚未被炼好的铁。倘若长此以往，将会给公司造成很大的经济损失。为此，他很快找到了负责技术的工程师，反映他所发现的问题。负责技术的工程师却十分自信地讲道："我们的冶炼技术绝对是过硬的，你说的问题根本不可能存在，不要无中生有了，我们没有发现这一问题。"

无奈之下，张强只好拿着未被充分冶炼的矿石去找公司负责技术的总工程师反映此问题。总工程师听完张强反映的情况后，由于职业的敏感，就义正词严地说道："竟然有这种问题，为什么没有人向我反映这一情况？"总工程师立即召集所有负责技术的工程师来到车间检查情况，果然发现了矿石中残留着尚未被炼好的铁，进一步调查之后发现这种情况的发生是因为监测机器中的一个零件出了问题。其实，事情的原因很简单，就是因为某些员工工作时不认真、不仔细。公司的总经理了解了事情的全部经过之后，不仅奖励了张强，还提升他为负责技术监察的工程师。总经理感慨万分地说："我们公司并不缺少工程师，可我们缺少爱岗敬业的工程师，以至于这么多工程师竟然没有一个人发现问题，甚至当有人发现了问题，他们还不以为然。"

我相信，这名员工心中肯定有"忠诚于公司""忠诚就是信仰"这样的理论。虽然这名员工进入公司时间不长，但他的行动已经证明了忠诚就是他的信仰。信仰是无私无畏无怨无悔的，信仰是付出一切而不考虑回报的。若这名员工心中没有"忠诚于公司""忠诚就是信仰"这样的理论，他工作时就不会发现问题，维护公司的利益了。不忠诚于公司，心中便没有对忠诚的这份信仰，而缺乏对忠诚信仰的员工，不会尽心尽职把工作做好，随时为一己私益而背叛公司。

美国一家大公司的技术部经理杰克，能说会道，且做事果断，雷厉风行又有魄力，老板很是器重他。有一天，一位来自英国的商人请他到酒吧喝酒。几杯酒下肚，英国商人对杰克说："我想请你帮个忙？""帮什么忙？"杰克很奇怪地看着这个并不是很熟悉的英国人问道。

英国商人说："最近我公司和贵公司在洽谈一个合作项目。如果你能把相关的技术资料透露一下，这将会使我在谈判中占据主动地位。""这恐怕不太好办，毕竟这牵涉公司的机密。"杰克皱着眉头，显然这对他来说有些为难。

英国商人小声说："你帮我的忙，我是不会亏待你的。如果你能把相关的技术资料透露给我,作为报酬,我将给你15万英镑。此外,你大可放心,我绝对会为这件事情保密,只有我们两人知道,其他人也不会知道。"说着,英国商人就把15万英镑的支票递给了杰克。杰克心动了,他的心被动摇了。

在其后的谈判中,美国公司非常被动,而英国商人所在的公司却获得了巨大的成功。此事导致杰克所在的公司损失巨大。事后,公司查明了真相,辞退了杰克。本来可以大展宏图的杰克因此不但失去了工作,就连那15万英镑也被公司追回以赔偿损失。杰克懊悔不已,但为时已晚。许多公司老板知道了这件事,纷纷表示不愿意聘用他。

其实,他的老板很欣赏杰克出众的才华,还着力栽培过他,但这件事情发生后,尽管他很为杰克的才华感到惋惜,但显然公司不可能再让杰克待下去了。为了一己私利背叛公司,这种行为给自己造成的污点,将自己的职业生涯笼罩上一层难以抹去的阴影。

这样的事情在竞争激烈的今天是比较常见的。面对种种的诱惑,对职场中人来说,无异于在自己的身边安放了一颗定时炸弹、一个陷阱,同时也是一个考验。而能够在利益面前选择坚持忠诚而不是背叛的人,才是对企业、对自己负责的人,所得到的不仅仅是企业对你的更大信任,你的所作所为还会使对方感受到你的人格力量,你将征服更多的人,使得他们也愿为你付出忠诚。忠诚不仅是获取利益和晋升的资本,它还是伴随一个人一生的品质。

如果你是一个即将踏入社会的大学生,无论是去别人的公司工作,还是接手父母留下的产业,都必须把忠诚作为自己的信仰。忠诚于你的公司,忠诚于你的事业,忠诚于你自己,并用忠诚去感染你身边所有的人,形成忠诚的氛围和忠诚的团队。

现实中,我们看到很多年轻人踏入社会之后,或许是因为他们不打算长干，也或许是为了表现自己的个性，往往表现出不忠诚于工作的倾向。而归根结底是因为他们意识不到忠诚对人生的重要性，无法站在他人的角度去考虑问题，无法站在团队和公司的角度去考虑问题，进而表现得自私自利，落得不受欢迎却不自知，碌碌奔波若干年，却找不到适合自己的位置。他们不是失败于自己的才华，而是失败于自己对忠诚的信仰，由此很多人丧失成长的机会和美好前程。

我们之所以忠诚，是因为心中有明确的目标，那就是对信仰的追求。一个不追求上进，只贪图享乐的人，不可能会有忠诚的，他连自己的生命都抱着无所谓的态度，还可能有信仰吗？现在，相当多的年轻人没有明确的人生目标，更不明白忠诚对于自己的意义。

你是"跳蚤族"吗？

一个德才兼备的员工是每个企业都欢迎的，一个德才兼备，同时又勤勤恳恳工作的员工更是每个企业难得的"宝"。而缺乏忠诚度、"这山望着那山高"频繁跳槽的员工，则是每个公司所头疼的员工。其实成为"跳蚤族"的一员，对于企业来说自然有所损害，但从长远来说，损害的还是员工自己的利益，降低了员工自身的价值。

人有自私的一面，企业也是一样，它不可能不为自己的利益着想，招聘那些没有忠诚度，简历表上换了很多工作的员工。许多公司花费了大量资源对员工进行培训，然而当他们积累了一定的工作经验后，往往一走了之，有些甚至不辞而别。公司浪费了大量的培训费不说，这些人辞职之后公司又得重新招聘新员工，再次培训。

世界零售业巨头沃尔玛公司的总裁山姆·沃尔顿很注重人才的培养，为此他还制订了专门的培训计划。不仅在阿肯色大学建立了专为那些没有受过高等教育的经理进行培训的沃尔顿学院，而且在本公司里开设有培训图书馆。更为重要的是，针对工作态度积极、恪尽职守、忠诚于企业的员工，公司会优先送去纵向培训，类似于储备干部。这样一来，这些忠诚的员工就比其他员工获得更多的升迁机会。

沃尔玛进入中国后，一如既往地采取他重视员工培训的政策。短短几个月的培训，沃尔玛发现中国的员工特别聪明，因为招募进来的员工都已成为可以独当一面的工作者了。就在沃尔玛准备和自己的新员工在中国市场开拓一番新天地时，却惊讶地发现，沃尔玛超市的对面新开了一家超市。更意想不到的是，那家超市的主管，竟是自己长久培训的员工。

其他的员工纷纷地指责那位跳槽的员工，但沃尔玛超市却表现得异常冷静，当其他员工问及时，沃尔玛超市的负责人说："我只是比较庆幸在尚未正式工作之前，他就走了，如果工作到了至关重要的阶段再走，那损失就更大了。不过这也让我明白了，留下来的你们都是忠诚的，公司将会加倍重视你们。"这件事也让沃尔玛超市加入了一条新的规定：在以后招聘员工时，一定要保证员工的忠诚度，哪怕他的知识水平差点，经验不足，这些都可以通过培训来弥补，但如果员工缺乏对企业的忠诚，即使他是天才，也要将其拒之门外。

忠诚公司，从某种意义上讲，就是忠诚自己的事业，就是以不同的方式为一种事业做出贡献。而把公司当作自己的培训学校，不仅可以学到专业知识，还能有薪水，感觉自己翅膀硬了，就开始单飞了，有的还偷挖公司的墙角，这样的员工何谈忠诚？

公司经过培训，使得员工在这一领域中已经具有一定的名声。人有名气了，自然会有更多的人关注，于是其他竞争对手公司会私底下"挖"人才，给他更高的待遇，很多员工禁不住诱惑，就纷纷跳槽了。这样的员工，就算去了这家公司，也不一定能得到这个公司的信任和重用。他们过高估计了自身的实力，以及对那些向他们频频挥手的公司抱有过高的期望。当这种风气蔓延到整个商业领域时，许多具有一定忠诚度的员工也受到传染而投入跳槽大军中，使整个职业环境继续恶化。

当然，以上所说只是"跳蚤族"跳槽的原因之一，这是跳槽中比较潇洒的一类。这一类就是因为现在的公司和老板无法再给他带来更多的教益。他明白自己的方向是什么，目标是什么，想要什么，时刻思考换工作对自己将来发展是否有帮助。从职业角度来看，换工作是很正常的，但是这种转换必须依托于整体的人生规划。盲目跳槽，虽然在新公司收入能有所增加，但是，一旦养成了这种习惯，跳槽不再是目的，而成为一种惯性。

著名银行家克拉斯就是因为知道自己想要做什么，最终的目的是什么，在年轻时，才会不断地更换工作。从统计员到收账员，到簿记员，到出纳员，再到收银员，他的工作在不断地更换，但你会发现，他所更换的职业，无一例外都是与数字有关，与银行有关，因为只有这样，他才有可能接近自己的目标。正如他自己所说的："一个人可以有几条不同路径达到自己的目的地。如果能在一个机构里学到自己所需的一切学识和经验当然很好，但大多数情况下需要经常变化自己的工作环境。面对这种情况，我认为他必须懂得自己想做什么，为什么要这样做。"

克拉斯为了自己的目标，持之以恒，终于成功了。只有当现在的公司和老板无法再给你带来更多的教益时，你方能离开。依旧如他自己说的："如果我换工作仅仅是为了每周多赚几块钱，恐怕我的将来早为现在而牺牲了……我之所以换工作，完全是因为现在的公司和老板无法再给我带来更多的教益了。"

关于"跳蚤族"还有不潇洒的一类人，这类人缺乏一种坚持的心态，在现在的工作上遇到困难和挫折不敢去面对，感觉这份工作"或许"不适合自己，还不如换一份，说不定下一份工作会更好呢！

孙甜刚大学毕业，进入一家英语四级、六级培训机构工作。大学里，她主修的是英语，刚好专业对口，但由于缺乏经验，培训机构就让孙甜负责接待学生，担任工作人员。因为刚从大学毕业，思想与前来培训的大学生相近，加上性格开朗，孙甜很快就和学生打成一片，这也让培训机构感到欣慰。

正式开始上课了，讲课的可是全国著名的英语老师。在许多同学的热情邀请下，加上出于好奇，想要知道名师上课究竟有多好的孙甜也进教室里听课。在课堂上大家认真地听讲，似乎都挺满意的。可是，整整一堂课孙甜在最后一排却度日如年，因为她觉得这个老师讲得太糟糕了，太让她失望了。下课后，学生纷纷围过来，对孙甜说，老师讲得怎么怎么好，他们怎么怎么受益匪浅啊！突然，孙甜大声地说："这个老师讲得一点都不好，还没我讲得好，让我上去讲，肯定比他要好。"这话刚好被路过的主管听见了，主管把孙甜叫到了办公室，脸色很难看地斥问她："你怎么可以在学生面前说老师讲得不好，学生以后不来了怎么办？"孙甜觉得受委屈，就打算不干了，对主管说："学生以后不来了，我不知道怎么办，但我知道，我不干了。"

现实中，像孙甜这样新入社会的人很多，他们往往一遇到困难，或一挨骂，就想要离开，而不是坚持到底。他们总认为，下一份工作会比这一份好。殊不知，下一份工作可能又是不了了之。

工作中一旦遇到挫折，应该立足于现实，及时调整好自己的心态。如果你有足够的耐力及实力，就一定能东山再起、再展雄风。如果因不敢面对困难而选择跳槽，就算下一份工作你可能也会遇到这样的困难。

频繁跳槽对于每个人来说弊端很多，总是跳槽，很难对所从事的行业有深入的了解。刚开始几年升得快，以后就很难升了。而且公司在招聘的时候，对于跳槽频繁的人，用得多，培训得少，我们的能力很难得到提升。而做一个忠诚的员工，会赢得公司的培训机会，以及岗位轮换的锻炼机会。而且在所在的这个行业里名声会很好，会得到业内人士的赞赏和尊敬。

所以，告别"跳蚤族"，既然选择这份工作了就好好做，干一行爱一行，忠诚敬业的员工的职场之路会顺利很多！

07

政理章

[原文]

夫化之以德，理之上也，则人日迁善而不知；施之以政，理之中也，则人不得不为善；惩之以刑，理之下也，则人畏而不敢为非也。刑则在省于中，政则在简而能，德则在博而久。德者，为理之本也；任政非德，则薄；任刑非德，则残。故君子务于德，修于政，谨于刑。固其忠，以明其信，行之匪懈，何不理之人乎？《诗》云："敷政优优，百禄是遒。"

[注释]

迁善：向善的方向发展。

务：致力，专力从事。

匪懈：还要松懈。

"敷政优优"二句：实行政令很宽和，就会汇集各种各样的福禄。敷，传布，施行。优优，宽和的样子。遒，聚集。

[译文]

用道德教化天下臣民，这是治理国家的上策。因为民众就会在不知不觉中改恶从善；用政策法律来管理国家，这是治理国家的中策。因为人们在仁政的引导下而不得不从善。用惩罚的手段治国，这是治理国家的下策。因为采取这种办法，人们容易产生畏惧感，而不敢再胡作非为了。用刑罚治理国家，应该尽量减省刑罚的使用，并做到用刑适可而止。用仁政来治理国家，讲求政令的精简有效。用德来治理国家，讲求道德推行范围的广泛和时间的长久。德治应该是治理国家的根本方法。如果用政令法规去统率老百姓而不讲德治，就会使人情变得淡薄。如果使用法来治理国家，而不注重道德教化，就会使社会变得残酷无情。因此，自古以来君子首要的任务应该是以德化民，推广仁政，并小心谨慎地使用刑罚。只要因循忠道，并且坚持不懈去做，那么哪儿还会有不能治理的人呢？《诗经》上说："实行政令很宽和，就会汇集各种各样的福禄。"

[现代管理启示]

人才管理之道

当今社会最重要的是人才，而对人才的管理又是一个企业的重中之重。在一个人才济济的企业，如果因为管理不善而让企业无所进步，对企业而言不仅是个悲剧，而且也会导致人才的流失。所以管理者必须精通管理之道，要明白管理是一门系统的科学，严格管理，就能出成效；而管理平庸、松弛，就会导致退步，甚至瘫痪。管理工作做得好，把一个单位的人、财、物三方面最大程度地合理结合起来、组织起来、调动起来，就能以尽可能少的时间完成最大限度的工作。也就是平常所说的"人尽其才，物尽其用"。善于管理的企业，就能在相同的条件下，取得最佳的经济效果。人、财、物使用得当，搭配合理，就能以尽可能少的开支为企业创造最大限度的经济利益。

管理出人才。管理工作做得好，就能人尽其才，让每一个员工都有施展才能的机会，使每一个人都能得到充分的锻炼。在善于管理的条件下，一些本来以为无用的、不能用的人也会被培养成栋梁之材。人才管理，强调的是没有庸才，只有使用不当的人才。俗话说："火车跑得快，全靠车头带。"只要你车头带好了，其余的车厢就会跟着你走，也就不可能存在静止不前的车厢。同样的，只要你善于管理人才，人才不仅不会流失，相反，还会与你一同进步。

企业的人才是各色各异的，在如此众多的人才中，应学会分门别类。技术类的、管理类的、营销类的等均要分清楚，要让他们各自发挥自己的长处。在分清他们的能力归属后，要做的是层次分级，有些人才是善于管理，而有些只长于处理，而有些则精于细致生产。对于善于管理的可以培养成高级管理人才；而对于长于处理的，可以发展成高级助理；而对于精于细致生产的，则可选定为技术骨干人才。现代企业之间的竞争，说到底还是人才的竞争。只要可为企业发展提供帮助和需要的人都是企业的人才。

创立于1911年的IBM公司，发展至2004年，就已经是拥有全球雇员30多万、业务遍及160多个国家和地区的大型公司。2004年，IBM公司的全球营业收入高达965亿美元。同年，《财富》杂志按照财政年度收入在上市公司中评出的"财富500强"中，IBM名列第八，是排名最高的技术公司。在2004年《财富》中文版第四届"最受赞赏的企业"的评选中，IBM列IT行业第一位。如此高尚、优秀的评价，使得IBM公司成为当之无愧的"蓝色巨人"，IBM在技术和业绩上的成就是不容置疑的。

领导人对于员工人心的争取是IBM成功的关键因素。对于人才的重视，早在IBM的创始人老托马斯·沃森时代就已经开始。在公司初期，IBM只是一家不景气、不为人知的小公司，但老托马斯·沃森却为员工制定了远大的奋斗目标和共同愿望。他怀着无比的工作热情和旺盛的工作动力，同时他的这种对于事业的执着追求也在感染着每一位成员。在IBM，尽心竭力地工作，为事业发展贡献全部力量，已经成为一种企业文化，影响和激励着每一位员工。仅靠精神激励并不能从根本上解决员工的长久工作热情。老托马斯·沃森意识到了这一点。为了解决这一难题，老托马斯·沃森提倡人性化管理，尽最大可能给予员工关怀。他为员工支付医疗费，提供低息的房屋贷款，甚至在自己工厂后面买下了一家酒店，并把它改造成一个乡村俱乐部，为员工提供免费服务。更为人性化的是，IBM还提供免费的音乐会和图书馆，开设夜校，以提高员工素质。对于员工的关怀更多地体现在薪酬和福利上。IBM员工的工资水平远远高于美国平均水平，而且公司还有一个十分诱人的入股计划，即任何员工都可以拿出10%的薪水以85%的市价购买IBM的股票。

使IBM员工深深感动的是公司领导人对于意外事件的负责精神。1939年纽约世界博览会的"IBM日"中，老托马斯·沃森组织了3万人乘火车去参加庆典活动，但不幸的是满载IBM员工的火车与另一列运货火车相撞。老托马斯·沃森凌晨2点接到电话后立即驱车赶往出事地点，处理事故。所有受伤的员工都被送往附近的医院接受治疗，受伤员工的家属还都收到了老托马斯·沃森派人送去的鲜花。小托马斯·沃森对待员工与老托马斯·沃森是一脉相承的，1958年7月一架从纽约到曼彻斯特的客机坠毁，机上有7人遇难，其中一名是IBM员工，还有八九名IBM员工受了不同程度的伤。小托马斯·沃森得到消息后立刻过问此事，并亲派了一名分部经理处理此事。公司领导人负责任的态度使IBM员工甘心献出自己的真心。

IBM的人才管理经验告诉我们，管理好人才才能提高员工的工作热情，也才能调动员工对工作的积极性和创造性，管理好人才是企业发展壮大的必由之路。

人才管理的目标就是合理地配置人才资源，不断地把人的积极性调动起来，把人的才能和创造性充分地发挥出来，企业才会有生机和活力，才能有发展。因此，如何最大限度地发挥公司内部广大员工的主观能动性和创造性，如何管理好人才，留得住人才，是目前企业需要解决的问题，特别是管理混乱或缺乏管理的公司亟待解决的问题。人才的管理要从以下几点来把握。

第一，情感管理。

得顾客心者，得市场；得员工心者，得企业。照顾好你的员工，员工就会照顾好你的顾客。顾客照顾好了，你的企业也就发展了。在企业管理中，人与人之间不仅仅是金钱关系、劳酬关系，还被千丝万缕的情感关系所牵绊着。因此，要激发员工的工作热情，调动员工的主观能动性，就不能仅仅实行简单的政策管理，必须对其思想、情绪、爱好、愿望等情感进行分析研究，并给予正确的引导和必要的满足。如果能将员工的最大能动性发挥出来，不仅可以提高工作效率，更可以真诚地为企业谋发展。需要明白的是，融通员工的感情，满足员工的社会心理需要，是调动员工劳动积极性的一个核心问题。

情感管理属软性管理，管理不善，也有可能存在负面情感。诸如情感沟通障碍、思想隔阂、职业情感的降低等，由负面情感产生的消极后果也是相当大的。一旦出现负面感情，就可能把消极情绪带到工作中来，做事毫无干劲，不仅可能自己分内工作完成不了，也会影响到其他员工的情绪与心态。面对此种情况，管理者应个别谈话、单个辅导，了解原因所在，对症下药。

第二，正人先正己。

"正人先正己"，这是人才管理的内在要求，是在加强自身修养方面下功夫。一个缺乏自身修养的人，必然丧失人格魅力的基石；一个缺乏自身修养的管理干部，必然使企业失去可持续发展的基础。因此，作为一名管理干部，要时刻加强自身修养。一位政治家，对于成为一名出色的官员曾说："做官先做人，万事民为先。"而对于成为一名出色的管理者也是一样，先要会做人。企业把你安排在这个管理位置，就是对你最大的信任。你对企业的最好回报，就是切实把管理工作谋划好、发展好，这样才能对员工有以身作则的说服力。只有管理者自身公正廉洁，率先垂范，就能在员工中产生一种心悦诚服的感召力，说话有人听，指到哪里，员工就干到哪里，企业何愁不发展呢？此外，尤为重要的是要学会自律。自律最能体现一个人的素质。自律意识强的管理人员，能够模范遵守企业章程，实行自我监督；自律能力强的管理人员，不管地位有多高，手中的权力有多大，都能时刻保持清醒的头脑，防止堕落。尤其是在企业管理中缺乏监督制度的情况下，更应加强自身的修养，提高自律能力，使管理者免于走向权力的腐败。

第三，务实精神。

务实精神就是实事求是合理地管理人才，主要体现在两个方面：一为报酬与奖励的务实；二为精神奖赏上的务实。

目前企业一般多采取"底薪+奖金"的薪酬制度，这种模式在社会上广泛实行，但还不完善，难以充分调动人才的积极性。而今已有部分企业开始实行"能者多劳"的计酬方式。根据你对企业的贡献程度，计算你的薪酬。能力高，自然贡献也就多，而取得的报酬也就要高于贡献低的人。薪酬的高低能够对人才技术的提高、工作积极性的发挥产生直接的影响，对取得突出贡献的人才给予特殊贡献奖或者特殊津贴，使得人才得到精神上和物质上的双重奖励，也有利于提高其他高技能人才的积极性。企业管理者应实事求是地计算员工薪酬，贡献的大小与多寡，不能因个人的喜好，与员工关系的亲疏而定。务必要有务实精神。此外，企业应针对不同工作性质和处于企业组织不同层次、不同岗位的人才，采取不同的评价标准和方式来评价人才的绩效和确定"奖金"的数额，以保证公平和效率的原则。本着务实的精神，你才有可能做到公平公正，员工才不会因为管理者的不公、偏袒而离开公司。

人是有各种各样需要的，除物质基本需求外，也有精神层面上的需求。努力了、取得成绩了就会希望得到管理者的表扬，哪怕是一个会心的笑容。所以管理者千万不要吝啬去夸奖自己的员工，因为对他们而言，一句口头上的赞美比多给薪酬要来得重要。除了夸奖之外，企业可根据人才自身的素质与经验，结合内部的实际情况，依照企业的目标策略，给人才设置挑战性的工作或职位。这既是对员工能力的挑战，也是对他们能力的认可。让其担任富有挑战的工作，为企业带来利益的同时，也让员工得到了自我提高与发展。

第四，激励。

在知识经济到来的今天，人才显得尤为重要，俨然成了企业中最为重要的资源，企业之间的竞争也越来越多地演化为人才的竞争。如何留住人才，成了许多企业人才管理的重要内容。建立奖励机制，是众多企业首选的方法。但这一方法的实行却步履维艰，总是会出现这样那样的问题。而归根结底，主要还是因为对员工奖励的不够重视与投入不足。一般而言，公司只有盈利了，才有可能奖励员工，而奖励的方式无外乎就是发点奖金；倘若没有盈利，对员工也就不闻不问了，这对员工而言，是对他们辛苦工作的一种藐视。虽然公司没有盈利，可是员工一样是恪尽职守、兢兢业业。所以，作为优秀的领导者应该重视奖励，在盈利时必须奖励，而非盈利时也要奖励，只是奖励的程度要少于盈利时，以激励他们更加认真地工作。此外，除了直接的物质激励外，还可采用类似于公费旅游、升职等非直接的物质激励。

除对员工奖励不够重视外，还有一个原因就是激励机制不够健全与完善。何时要激励、如何激励、激励的程度如何，都是需要管理者认真考虑的。不能等到在员工准备要离开公司的时候才去考虑加薪和升职。目前，许多企业在实行激励时，往往把荣誉称号和奖金、职称、升职挂钩，使精神激励和物质激励相结合,这是极好且可推广的方式。

第五,合理使用人才。

合理使用人才,最简单地说,就是人才管理要符合"才德兼备,大胆使用;有才无德,限制使用;有德无才,培养使用"的三大要求与方针。此三大方针是每个人才管理者在任何时候、任何条件下都必须坚持的用人精神。才德兼备,大胆使用,是说人才管理者对于才德兼备的人才要大胆放心地将他们安放在重要岗位上去,并给他们足够大的权力让其发挥最大的主观能动性;有才无德,限制使用,是说人才管理者在坚持唯才是举的原则下,对这些员工要尽其才的同时,对其进行一定的制约,让他们不能随心所欲滥用企业给他们的权力;有德无才,培养使用,是指企业要注重对这些员工才能培养的教育,使他们能够在工作中逐渐增加才能,成为才德兼备的员工。

合理使用人才,还应避免任人唯亲。不能因为他是你的亲戚、朋友或亲近你的人,你就破格重用他。你要做到,不仅你选用的人才可以充分发挥他的才干,更重要的是避免因你误用人才而给公司造成亏损。目前仍有不少企业"唯亲近者是用",使企业发展受到多多少少的制约,特别是已形成规模的大公司。

第六,重视培养。

在今天如此激烈的市场竞争中,谁拥有人才,谁重视人才的培养,谁就能在激烈的市场竞争中立于不败之地。特别是拥有高技能人才,更能凸显你的竞争优势。人才的素质的高低直接影响着企业的核心竞争力和自主创新能力,因此企业必须做好人才的培养工作。随着科学技术的不断提高和快速更新,存在严重的人才供求紧缺的情况,因此加快培养人才是当务之急。

在内部加强人才的培养。企业内部培训是企业保持人才优势必不可少的工作，快速地促使员工成才，这也是成本最低、效率最高、效果最好的方式。在此过程中，应特别重视对人才知识的更新培训。

建立合理、完善的培训机制。诸如将积极工作与有特殊贡献的员工，会被送去参加纵向培训这样的规定写入培训章程等。

重视培养人才是何等的重要，正如日本松下企业的创始人松下幸之助所说的："企业不是创造的，而是培训的，创造产品之前，先制造人。"

可见，当今人才已成为企业确定竞争优势，把握发展机遇的关键。企业有效的人才管理，不仅仅可调动每个人才的积极性和工作热情，更重要的是增强了企业的竞争力，最终推动企业的发展。

好制度让忠诚更持久

在企业管理中，我们看到有的企业留不住人才，究其原因，一方面是员工自身的问题，另一方面就是企业的问题。自身方面的原因可能就是没有认同这家企业，对这家企业的管理制度、企业文化、工作环境、工作条件、人际关系、薪资和福利待遇等不认同或不满意。企业方面的原因可能是存在制度不完善、管理不到位等情况，这些归纳起来就是缺乏好的制度，没有好好管理人才。正因为没有好的制度，人才才缺乏足够的忠诚度。只有好的制度才可以让忠诚更持久。

既然好的制度可以让员工忠诚更持久，那么什么是好的制度呢？好的制度是相对于其他企业的、相对于企业自身过去而言的。好的制度能增加员工的积极性和创造性，最大限度地激发全体员工的工作热情和抑制人的弱性、可能的负面因素，最大限度地减少管理成本，最大限度地减少员工之间职务行为的心理障碍，以最小管理成本创造最大的人才价值。有这样一则故事：

2000年初，某次高级管理人员会议上，华为集团总裁任正飞宣布了一道命令，内容如下：鉴于公司面对几个重要客户，为了更快、更好地服务于这些客户，公司决定成立特殊项目协调部，该部门主管有权调动各部门人员。该部门主管为王英经理，并直接对董事长负责。

设立该部门的目的是因为原先各部门相对独立，市场部仅分析市场，人力资源部也只考虑录用人才，销售部也只负责销售业绩。这样往往造成各部门工作没有办法协调一致，面对一项重大项目往往会形成各自为战的局面，因此，必须成立一个能够协调多部门的独立部门，以增加效率。最后成立特殊项目协调部。自此华为公司一遇有重要客户，特殊项目协调部就开始运作，公司效益大幅度提升。

从这则小故事中，我们可以看出这是一个权力制约制度的问题，以彼此制约的方法求得分粥公平，最后完美方法出台之前众人始终发现私心导致不公、权力致使腐败的规律。

在言及一个东西是好是坏时，我们应先了解这个东西是什么。企业管理制度是企业员工在企业生产经营过程中共同遵守的规定和准则的总称。企业管理的真正目的在于"理"，而不是在于"管"。"理"在此的含义，是指章程、制度。而此章程、此制度，上至企业的老板，下至企业的一般员工，都是必须遵守的。这个章程、制度不仅可以让每个员工自我管理、自行约束，还能兼顾公司利益和个人利益，并且要让个人利益与公司整体利益统一起来。也就是说，无论按照马克思的劳动价值论，还是按社会主义生产要素的贡献率分配的制度，人才都应该享受经济发展带来的利益，这个利益不仅仅是每月维持自己生活的基本工资，更重要的是和物质资本所有者一样可以获取企业或社会的剩余收益。这才是人才规划的要点，因为对于人才的激励绝不是像企业运行模式一样从投入到产出，因为机器是死的，人是活的，人因各种因素变化而发生改变。

好的制度就是让员工的责任、权利、利益三者结合起来，才能更好地为公司服务，这样员工的忠诚度才会持久。好的制度可以留住人才，提高人才在企业的积极性，好的制度还是解决人才后顾之忧、保障人才基本权益的重要环节。企业致力于此，人才资源才有可能得到保障。企业要为人才创造机会，提供条件，激励人才为企业发展贡献力量。关键是好的制度能鼓励人们增加社会的总体效率，使人们开发他们的创造力，提高他们的生产效率。当然，在企业当中，不同人有不同的需求，对制度的要求也不一样，制度的合理性、适合性会随着社会的发展而变化。

19世纪时，英国想把在本国犯了罪的囚犯送到澳洲做苦力，但由于犯人很多，国家派往运送的船只有限。于是就雇不少私营船主，并说好按上船时犯人的人头给这些船主私营付费。可是不完善的规定或约定，总是会给不法商人有机可乘。船主为了谋取更多的私利，不仅克扣犯人的食物，并把食物变卖以谋取利益。可结果是，大部分犯人还没到澳洲就活活饿死了。更有甚者，为了谋取暴利甚至将犯人活活扔进海里。当时英国政府为了降低犯人死亡率尝试了很多办法，但都无法改变这种现象。

后来，英国政府制定了一个行之有效的办法，即按到达澳洲活着的犯人的人头付费。可想而知，私营船主为了取得更多的报酬，他们只能千方百计让更多的犯人活到目的地。调查显示，后期运往澳洲的犯人死亡率仅有1%，而原来最高时达94%。

这说明一个好制度能够自行管理、自行约束，自行提供让人们诚实守信的引导与激励。

制度对企业来说至关重要，所谓没有规矩不成方圆，正是这个道理。一个缺少制度和规范的企业就如同一个缺乏法制的国家，早晚会出现局势动荡的局面。但是如果一个企业拥有合理乃至健全的管理制度，情况就会为之一变。首先，健全的企业管理制度可以提高工作效率。一般的基础应变措施都写进制度里，就不用员工凡是遇见这样那样的情况，就找主管请示或汇报，而是按制度办事。这样一来，节省时间的同时，也提高了办事效率，更促进了公司的发展。其次，健全的企业管理制度可以促进管理者与员工的感情。在企业的管理制度中，合理地规定管理者的职权、企业的目标与员工的职权、运行方式。员工依此制度，就能明白上级想要自己达到什么目标，为了这个目标就会与上级共同努力。在努力的过程中，凡是根据制度规定办事，就能规避与上级的冲突，久而久之，无形当中就促进了感情的发展。

即使健全的企业制度会给企业带来相当大的好处，但是仍然有很多的企业不重视企业管理制度。而企业对制度的不重视主要表现为制度的不合情、不合理、不合法、不合势四个方面。企业管理制度的不合情，一般是指不够人性化。制度是由人而定，是由人来实施，所以管理制度必须具有人性化，确实关心员工的切身利益，比如计酬的方式、休息时间的安排、升迁的情况，这些都必须符合人性化。企业管理制度的不合理，是指不公平。一般多指企业内部各部门的薪酬与升迁标准不一致。企业管理制度往往只维护企业的利益，而忽略了员工的利益。如在很多企业，一线技术人员和后勤支持人员之间的矛盾很深，特别是在薪酬和职业发展通道方面，一线技术人员往往认为公司的制度不合理，他们的付出和得到的利益太少；而后勤支持人员却认为他们和一线技术人员之间在薪酬等方面的差距太大了，很不公平。企业管理制度的不合法，一般表现为加班工资的计算方式上。国家法律有明文规定，对于节假日加班，其加班工资是平时工资的三倍。但是，有的企业，虽然加班工资的计算是会高于平时的工资，但往往都没有达到三倍之多。企业管理制度的不合势，就是不符合社会经济发展的情势。社会发展的情势是深化改革、市场竞争，而有些企业还是墨守陈规，不懂得与时俱进。

现代企业管理制度种类复杂多样，归纳起来可分为基本制度、工作制度、责任制度。健全的制度是以员工、经营者及顾客、竞争者、政府共同利益为主轴的，结构上则是把企业生产经营活动的各个要素、各个环节，组合成纵横交错的关系网，使每一个成员都能职责分明地工作。企业管理制度要特别重视选人用人制度。通过选拔、配合使用，做到人尽其才，才尽其用，使人才资源得到高度开发。企业管理制度中的评价制度、激励制度是非常关键的两个方面，其他制度必须体现激励制度与评价制度的内容。

08

武备章

[原文]

王者立武,以威四方,安万人也,淳德布洽戎夷。禀命统军之帅,仁以怀之,义以厉之,礼以训之,信以行之,赏以劝之,刑以严之,行此六者,谓之有利。故得帅,尽其心,竭其力,致其命,是以攻之则克,守之则固,武备之道也。《诗》云:"赳赳武夫,公侯干城。"

[注释]

安:使……安宁,动词的使动用法。

洽:周遍。

戎夷:泛指少数民族。

禀命:受命。

武备:军备,武装力量。

"赳赳武夫"二句:武士英姿雄赳赳,公侯护国好屏障。赳赳,勇武的样子。干城,守卫,捍御。

[译文]

王侯建立起一支强大的军队,目的在于威震四方,使天下百姓得到安居。官府要用敦厚德行对边远少数民族进行感化。对于接受命令、驾驭军队的将帅,应该用仁慈手段去感化他们归附,并用恩义去鼓励他们,用礼仪之教去训导他们,用信义之法教育他们,用奖赏的办法去激励他们,用刑罚严治他们。按仁、义、礼、信、赏、刑这六项原则去处理事情,就会一切顺利。如果那样,就能使军队忠贞不贰,全力以赴,并努力效命。在这种状况下,军队一旦向敌人发起进攻,就能取得胜利;一旦处于防守状态,也能坚固难攻。这就是军队讲求忠道的道理所在。《诗经》上说:"武士英姿雄赳赳,公侯护国好屏障。"

[现代管理启示]

用忠诚树立个人品牌

产品有产品的品牌,企业有企业的品牌,每个人也有自己的品牌。个人的品牌是由对企业的忠诚度、专业知识技能、经验经历、个性、行业的知名度和美誉度共同组成的。树立个人品牌离不开忠诚二字,离开它就无法树立个人品牌,可以说忠诚是树立个人品牌的基础。概括来说,保持自己对企业的忠诚度,树立自己的忠诚品牌,不是说出来的,而是做出来的。想要让自己"忠诚"的这一品牌长久地存在下去,就要比别人付出更多的努力。因为如果你不像爱护自己的信用记录一样爱护你的"忠诚"品牌,那么你将自断财路。

美国管理学家汤姆·彼得斯指出:"21世纪的工作生存法则,就是建立个人品牌。"知识经济时代的到来,以及现代信息传播技术的发展,为个人品牌的建设创造了新的条件,注入了新的活力。特别是当今社会,个人品牌代表着你在众人心目中的形象,只有用忠诚树立个人品牌才能在激烈的竞争中立于不败之地。

美国人玛丽是一名记者,出差来到日本,在日本的奥达克余百货公司买了个游戏机,准备送给家住东京的婆家。彬彬有礼的售货员为她挑了一台未启封的机子。回到宾馆,玛丽一试用,发现该机根本不能使用。她气得火冒三丈,准备到奥达克余公司交涉,并写了一篇题为《笑脸背后的真面目》的新闻稿。在玛丽动身前,电话响了,是奥达克余公司打来的致歉电话。不久,一辆汽车急驰而来。"奥达克余"的副经理和一名提着大皮箱的职员从车上下来。两人来到客厅便俯身鞠躬,表示请罪。除了送来新的游戏机外,又送了蛋糕、毛巾和游戏卡。然后,副经理打开记事簿,宣读了公司纠正这一失误的经过。原来,公司昨天在清点商品时,发现错将一个空心货样卖给了顾客。售货员马上通知公司警卫寻找顾客,但为时已迟。经理接到报告以后,迅速召集有关人员商议。当时公司只有顾客名字和一张"美国快递公司"电话。据此,奥达克余公司连夜打了35次紧急电话,向东京各大宾馆查询,在没有结果的情况下,又打电话到纽约"美国快递公司"总部,得知了顾客父亲的电话。又打电话到美国,得知顾客婆家的电话。最后才弄清了顾客的住址和电话,这期间共打紧急电话35次!玛丽非常感动。她重写了新闻稿,题名为《35次紧急电话》,把这件事情详细地报道了出来。

随着科技和社会的发展,越来越多的人成为SOHO一族,或者从同行的公司里流动。塑造个人品牌已经成为职业生涯中最重要的事。在新的社会潮流中,职业生涯绝不仅仅是从事一份工作、追求一个事业,而更是建立专业品牌。

用什么建立你的专业品牌,答案是忠诚,只有用忠诚树立个人品牌,才能从职业生涯中走向成功。因为用忠诚建立的个人品牌可以增强自己的竞争力,减少竞争对手的干扰;用忠诚建立的个人品牌让你与众不同,使自己脱颖而出,能够让别人认识到你的工作态度和责任心。因此,需要你对个人品牌定位:如果你用忠诚来给个人品牌定位,那么等待你的可能就是平步青云;如果不用忠诚来给个人品牌定位,那么等待你的只能是苦苦挣扎。所以,用忠诚建立的个人品牌是你最好的选择,也是你迈向成功的关键。

毕业于某著名高校的高晴，是在职场打拼多年的广告设计人员。由于近几年来这一行业竞争比较激烈，毕业后没能找到理想的公司，便一直在一家小公司打工，为了增加收入，还承接其他广告公司的设计工作。其实，高晴在广告设计方面有着自己独特的见解，但是她却一直未受到重用。她认为很有市场的设计方案总是被拒绝采纳，而这一切仅仅是因为她的老板对广告设计不善精通。没能遇见伯乐的她，只能独自承受英雄无用武之地的悲伤了。一次偶然的机会，她在招聘网站上得知国内一家著名的大型广告公司在招聘广告设计人员，这家公司曾经为国内许多家知名企业策划过广告，并取得了很好的经济效益。她高兴地发现自己与招聘信息上所要求的各项条件都相符，心想自己终于有施展才华的机会了，于是信心满满地前去面试。

高晴成功地进入了最后阶段，这个阶段只剩下了她和另外两名候选人。在进行最后一轮的面试筛选时，为了凸显对此次筛选的重要性，公司领导全部出席了。在言及广告创意时，高晴侃侃而谈，面试官对她的见解频频点头，表示赞同，高晴见此很是兴奋，心想终于遇到了赏识自己才华的伯乐，以后在工作方面可以大显身手了，告别而今悲哀的日子。

时隔半个月之久，高晴依旧没有收到公司的录用通知。颇感意外的她，向公司打电话询问，前台接待人员才客气地通知她明天到公司面谈。第二天，她来到公司，接待她的人告诉她，公司对她的能力是赞赏有加的，但是经过公司全体高管人员的协商，还是对她有保留意见。高晴很是不解，不甘心错过这次机会，就追根问底，想要知道对她持保留意见的原因。有位人事部经理就告诉她："根据你服务不同广告公司的情况，对你的忠诚度抱怀疑的态度。"高晴感到很失落，一次绝好的机会就这样从自己身边溜走了。

后来，高晴遇到以前的同学，她就把自己面试失败的事跟这位同学说了一遍。高晴的同学恰好就在那家公司上班,而且认识那位最后胜出的面试者。于是,同学告诉她,公司最终决定录用最后胜出的那位面试者,就是因为他用忠诚打造了个人品牌。原来,大学毕业之后,他在一家广告设计公司工作,一干就是3年,并且没有到其他公司兼职,后来,公司转型做商贸了,他认为不适合做商贸,方才辞职离开了公司。

可见在职场竞争中,你仅有能力是不行的,还需要有人赏识你的能力,如果没有人来证明你在这方面的能力,那你就应该用忠诚建立自己的品牌,让自己的个人品牌证明自己的一切。

如果你没有品牌意识,在职场浪迹多年还没有建立自己的个人品牌,那么你的处境就相当危险了。

如果一个人想要获得成功,就必须用忠诚树立个人品牌,也只有这样,才可能成功。用忠诚树立个人品牌好比个人的一张名片,它承载着一个人的品质,代表着一个人的形象。古代哲人穆格发说:"良好的形象是美丽生活的代言人,是我们走向更高阶梯的扶手,是进入爱的神圣殿堂的敲门砖。"形象是提升个人品牌的潜在资本,所以,每一个人,每一天,所做的每一件事,都是在加深别人对自己的"印象",从而也就决定了自己的命运!

《狼来了》的故事众所周知,我们一起来看下:

一个小孩在山上放羊,觉得一个人很无聊,便想出了一个恶作剧。他大喊"狼来了",在附近劳动的村民闻讯跑来时,一看是小孩在撒谎,便各自散去了。没多久,小孩又大喊"狼来了",村民们闻讯以后又带了棍棒赶来。村民们又受骗了,气愤地训了小孩一顿就走了。一会儿,狼真来了,小孩吓得大叫"狼来了",可这次村民们听到叫喊,认为小孩又在恶作剧,没有人理他。结果,小孩的许多羊都被狼给吃了。

《狼来了》的故事说明，因为小孩没有好好地珍惜与维护大家给予他的信任，所以落下了不好的下场。身处于职场之中的每个人，切记要爱护自己好不容易建立起来的个人品牌，不要因为一点小事让我们的品牌蒙羞，一旦你选择不珍惜、不爱护，那么你的职业道路将步履维艰。事实上，个人的品牌是可以给自己带来很多的东西，比如行业的认可、个人的魅力，还有个人的忠诚度等。

在工作中，用忠诚树立的个人品牌，是你生活的保障。首先，用忠诚树立的个人品牌代表你对工作负有很强的负责心，对待工作一丝不苟。这样的工作态度，不论是客户还是老板都十分欣赏。也只有这样，才能把工作做好。工作做好了，生活才会有保障。没有工作，生活难有保障，靠别人来生活一辈子也是不可能的。

当你用忠诚树立起个人品牌的时候，你已拥有了独特魅力的个人形象。忠诚的员工总会以良好的职业道德和上进的工作精神去开拓自己的职场天地，他们对自身的严格要求甚至超出了常人的想象。事实上，忠诚的员工会主动出击、积极进取，精心规划自己的职业生涯，不断充实自己，对自己的品牌进行全面的管理，争做职场中的"不倒翁"。

用忠诚建立自己的品牌，无论从事什么行业，你都无须担忧自己不能拥有成功的机会。

忠诚赢得信赖

在做人方面，忠诚是一个人的品质，是一个人能获得其他人认可和信任的标准之一。而具体到工作中，忠诚更能体现一个人的人格，员工忠诚与否，直接关系到公司和个人的利益。忠诚有着独特的道德价值，并蕴含着极大的经济价值和社会价值。一个秉承忠诚的员工，能给他人以信赖感，让领导乐于接纳。最后，在赢得领导信任的同时，他更容易为自己的职业生涯带来意想不到的收获。

一个商业品牌之所以能经久不衰，关键在于消费者对这个品牌的信任。在普通的商店买手表，一般的店卖几百元不等，有的地方一百元甚至几十元就可以买到。但瑞士的劳力士手表却是几万元乃至几十万元一个，表带还要另算钱，顾客照样盈门。就因为它是劳力士百年老店，让人相信，让人放心，质量可靠。该店百年来，卖给王公贵族的手表不下几千个。如此的劳力士，绝对可靠，因为它没必要偷工减料来欺骗顾客。它要做好的事情只有一件：保证手表的品质永远是最好的。因为它对顾客忠诚，顾客信赖它。同样的，一个员工，你想在竞争激烈的职场中立于不败之地，你的品牌是否值得企业公司信赖呢？

老郑是个退伍军人，几年前经朋友介绍来到一家工厂做仓库保管员。虽然工作不繁重，无非就是出库入库，按时关灯，关好门窗，注意防火防盗，等等，但老郑却做得超乎常人地认真，他不仅每天做好来往的工作人员提货日志，将货物有条不紊地码放整齐，还从不间断地对仓库的各个角落进行打扫清理。

三年下来，仓库没有发生过一起失火失盗案件，甚至没出现一点差错，其他工作人员每次提货也都会在最短的时间里找到所提的货物。就在工厂建厂20周年的庆功会上，厂长按老员工的待遇亲自为老郑颁发了奖金3000元，而且把整个工厂的仓库保管工作均交给老邓决策处理。好多老职工不理解，老郑才来厂里三年，凭什么能够拿到老员工的奖项，而且还能担此重任呢？

厂长看出大家的不满，于是说道："你们知道我这三年中检查过几次咱们厂的仓库吗？一次都没有！这不是说我工作没做到位，其实我一直很了解咱们厂的仓库保管情况。作为一名普通的仓库保管员，老郑能够做到三年如一日地不出差错，而且积极配合其他部门人员的工作，对自己的岗位忠于职守，比起一些老职工，老郑真正做到了爱厂如家，我觉得这个奖励他当之无愧！"

在现在这样浮躁的社会风气下，能像老郑一样做到对公司忠诚的人确实很少，而这类人正是每个公司寻觅的人才。一个优秀的员工永远不能被利欲所诱惑而做出违背职业道德原则的事情。如果一个人为了利益而出卖公司和同事，这样的人在世界的任何角落都不会受到欢迎，没有公司会聘用这样的人。因为他出卖的不仅仅是公司的利益，还有他自己的尊严和人格。因此，哪怕是从他手中获得利益的人，也会从心底里对他产生鄙夷，最后还是会翻脸无情地离弃他。

柯文是一个大型公司的销售部经理，他毕业于一所名牌大学，性格上比较自负，而且很骄傲。有一次，他与公司领导层发生意见分歧，双方一直未能达成一致。柯文对此耿耿于怀，感觉公司高层是仗着职位高，利用职权打击他。自己明明这么强的能力却受不到重用。柯文越来越觉得心理不平衡，准备跳槽到另一家公司，这家公司是现在公司的竞争对手。

不知道这个毕业于名牌大学的柯文是为了发泄心中私愤，还是为了给未来的主子"献媚"，竟然头脑发热做了一件不可想象的事。在离开现在公司之前，柯文竟然想办法把公司的机密文件和重要客户电话全部复印一份。又打电话或传真给各市场经销商，使得市场乱成一团，并引发了很多法律纠纷，从各地市场打来的电话几乎将现在公司的电话打爆。这还不算，他还打电话给当地工商、税务，说公司的账目有问题，虽然最后查证无此嫌疑，但却给公司的声誉带来了很大的伤害。

之后，柯文就辞职了，带着公司的机密文件和客户电话的复印件高兴地来到了新公司。他把自己原来公司最近上演的所有"好戏"都解释给新东家听。新公司的老板听他讲的话，以及看了他带的复印件，顿时心凉了半截，毛骨悚然：这真是一个危险的人物！如此对待自己所在的公司，以后也很有可能对待自己这个公司。这家公司的老板很平和地笑了笑，把他请出了公司，没有聘用他。

结果，这个柯文鸡飞蛋打，什么都没捞到，不仅没有人再会聘用他，还被很多同行耻笑。

所以，要想做好事，要先做好人，这句话一点都没有错。一个员工的所作所为得不到公司的信任，公司肯定不敢用。可靠性就是一个人的招牌，得到公司的信赖，才会被赋予重任。

将超市开遍地球村的零售业巨头沃尔玛公司，他们所雇用的人才必须是忠实可靠的。在山姆沃特的沃尔玛超市里，员工的使命感相当强烈，求知欲极其旺盛，忠诚度也极高。抽查显示，沃尔玛的人才流动率在零售业中是最低的，这里的优秀员工要具备10大准则，而在这10大准则中，他将"忠诚"一词列于榜首。在员工的忠诚度上，山姆沃特认为，员工的学识与经验都是可以通过后天补充的，而忠诚的品质却绝非短时期内能够形成。

当别人觉得你可靠时，你获得的机会会远远多于那些不可靠的人。因此，在职场上，忠诚可靠的人往往能得到用人单位的青睐。忠于公司、忠于老板，也就是忠于自己的原则；背叛公司、背叛老板，也就意味着背叛自己的原则。成功的人不可能没有原则。一个企业家说："如果你是忠诚的，你就具有优秀的企业家的品质，哪怕你现在只是一个普通的员工。"忠诚的员工，才能做到敬业，敬业才能造就一个成功人士！

09

观风章

[原文]

惟臣，以天子之命，出于四方，以观风。听不可以不聪，视不可以不明。聪则审于事，明则辨于理，理辨则忠，事审则分。君子去其私，正其色，不害理以伤物，不惮势以举任。惟善是与，惟恶是除。以之而陟则有成，以之而克则无怨。夫如是，则天下敬职，万邦以宁。《诗》云："载驰载驱，周爰谘诹。"

[注释]

敬职：严肃认真地履行职责。

"载驰载驱"二句：赶着车儿快快跑，遍访天下老百姓。周，普遍，广泛。爰，于，在。谘诹，访问。

[译文]

作为大臣按照天子的命令，察访全国各地了解民风世情。听觉不可以不敏捷，观察了解不可以不清楚。善听才能分清事由，视觉敏锐才能明辨道理、辨析问题。问题能辨析清楚，才能显现其忠道之心，事情详审明白才能分辨是非。有道君子做事应大公无私、公正处事，不去损害事理而使任何事物受到伤害，更不因为害怕权势而举任那些没有贤才之人。只要是好的、善的就要宣扬，并举荐任用，只要是坏的、差的就予以根除。根据这样的原则任用、提升官员，他们就会做出成绩来；根据这样的原则罢免官员，他们也不会有什么怨恨。如果一切都这样行事的话，那么天下所有的人就会各尽其职，天子也会严肃认真地履行职责，整个天下就都会安宁了。《诗经》上说："赶着车儿快快跑，遍访天下老百姓。"

[现代管理启示]

与老板同舟共济

老板和员工之间存在一种雇用关系，员工努力工作，所创造的价值中，固然有一部分属于老板，但也有一部分属于自己，而且，你这一部分也是利用老板的资本才得来的。老板努力工作所创造的价值中，固然有一部分属于他自己，但也有一部分属于你。公司就好像是一艘船，老板是船长，员工就是水手。如果大家一起齐心协力，船靠岸后，船上的货物一经卖出，你和老板都会得到努力的回报。然而，船一旦沉了，老板被淹死了，员工也活不了。因此员工要有一种与老板同呼吸、共命运的态度，共同面对困难，渡过难关。与老板同舟共济，是一种付出忠诚的行为，就是把公司当成自己的家，把老板当成自己的朋友，特别是在老板最困难的时候能够挺身而出，帮助老板，不离不弃，患难与共的行为。英特尔总裁安边·葛洛夫曾说过："不管你在哪里工作，都别把自己当成员工，而应该把公司看作自己开的。自己的事业生涯，只有你自己可以掌握。不管什么时候，你和老板的合作，最终受益者也是你自己。"但是大多数员工认为："公司是老板的，我只是替他打工的，工作付出得再多，干得再出色，最后得到好处的永远是老板，对我有何好处？"存有这种想法的人认为老板和员工之间是一种对立的关系，误以为忠诚的受益人只是老板，员工不可能从中受益，并认为自己付出忠诚，只是老板的需要。

自己付出忠诚，只是老板的需要吗？当然不是。诚然，员工忠诚，老板或公司能够从员工的工作中获取更多的价值。但是，员工付出忠诚的同时，也会得到忠诚的回报：企业发展壮大了，作为企业的一员，也一定会因此而感到自豪。如果自己的企业在同行业中处于佼佼者，那么作为一名该企业的员工，其自身价值是其他公司的职员无可比拟的。更何况，忠诚本身也是员工生存和发展的一种需要，自己也会从忠诚中获益不少。所以，不能简单地认为自己付出忠诚，只是在给老板创造价值！

乔治在美国伊利诺州刚开始从事房地产交易时，有一次，带一位买主去看郊区的一座房屋。房主曾私下告诉乔治说这栋房子大部分结构都不错，只是屋顶过于陈旧，当年就得翻修。看房的是一对年轻夫妇，他们说准备买房子的钱有限，所以想买一处无须修葺的房子。他们看过房子后很喜欢，马上决定购买，并想立即搬进去住。但乔治对他们讲，屋顶过于陈旧，需要花些金钱来翻修。乔治知道，说出房子屋顶的真相会冒风险，有可能毁掉这笔交易。

果不其然，这对夫妇一听说要花这么多钱来修屋顶，就表示不肯购买，离开了。到手的生意就这样飞走了。一个星期后，乔治的老板听说这笔生意之所以没有做成，是因为乔治告诉了房顶要翻修的事，十分生气。他把乔治叫到办公室，问他是如何把这笔生意搞吹的。乔治对老板解释道："如果这对夫妇住进房子后出了意外，公司的信誉将不复存在，再也不会有人来看我们的房子。"老板听完乔治的解释后，交给乔治一封信，信中是公司升乔治为该房地产公司销售部主管的委任状。乔治的老板感动地说："乔治是一个真正忠诚于公司的人！"

由此可见，全心全意替老板出谋划策，替公司着想的员工对一个企业来说有多么重要。每一个员工都应该明白，自己的工资收益完全来自公司的收益，公司的利益就是自己利益的来源。"大河有水小河宽，大河无水小河干"就是这个道理。

其实，老板和员工都是一样的，都是公司的一员，并不存在对立关系，只不过是分工不同、角色不同而已。员工也是企业的主人。公司发展，需要每一个员工齐心协力。虽然老板和员工存在雇用关系，但是老板和员工更是一种合作伙伴的关系。这种合作关系在公司内部是上下级关系，但你忠诚地付出，得到老板的赏识后，日后老板会将一部分事业托付给你。如果你是管财务的，他把公司财产完全托付给你；如果你是管营销的，他把公司业务托付给你；如果你是管人事的，他把人力资源托付给你。从这一方面说，他把你看作可以信赖的员工，而不是把你当作工作的工具。

五年前，小王和小郑是大学同学，毕业后一起到南方发展，机缘巧合地到了同一家计算机软件公司，负责办公软件的设计开发。平心而论，这个公司规模很小，连老板在内不过五六个人。而且资金也是薄弱的，这家公司注册资金只有10万元。他们到这家小公司上班，是基于以下两个原因：一是背井离乡急于安身，二是老板给股份的许诺。老板和他们的年龄相仿，看上去完全一副书生模样，态度很诚恳。可是他俩进去才知道，办公条件比想象中的更糟糕：仅是一间废弃的地下室，不仅阴暗、潮湿，而且天一下雨，天花板上凝聚而成的水滴源源不断地往下流，电脑上都要罩着厚厚的报纸。上个厕所也要跑到外面去。出门就是小饭店，油烟灌进来，熏得人直流眼泪。公司的产品市场前景很好，但资金的瓶颈随时可能导致公司陷入经营的困境。最要命的是，产品没有品牌，只好赊销，迟迟收不回来款，流动、备用资金少，公司连员工的工资都不能按时发放。这样的公司拿什么与那些实力雄厚的公司展开竞争？

在这样恶劣环境中待了三个月的小王终于动摇了，劝同学小郑也不要干了，有的是好公司，干吗非在一棵树上吊死？股份？老板连自己都自身难保了，哪里还有股份给你？

小郑被同学小王一说心里也有些动摇了，但是一看到老板每天没日没夜地奔波和诚恳的眼神，又不忍开口了。小郑过生日的时候，老板在自己的家里为他过，并亲自下厨，说了很多抱歉的话，想起这些，小郑就不忍心走。小郑想，反正自己还年轻，就算帮帮老板。即使以后公司倒闭了，也算积累点人生经验吧。同学小王说他傻，随后收拾东西准备离开公司。小王走的那天，老板还是借钱给他发放了工资，令老板感动的是小郑居然决定留下来，从那以后他们成了哥儿们。

福无双至，祸不单行，公司资金链条断裂，陷入困境，随后又有几个人离开了公司，只剩下小郑和老板两个人。看着老板无助的眼神，小郑反而坚定了自己的意志，他原本就是个不愿服输的人，他想他现在能够做的就是和老板风雨同舟，充分发挥自己的才智，精益求精，将产品做好。

半年后，老板筹措到了资金，公司开始正常运转。由于产品质量好，买家愿意先付款了，公司业绩开始慢慢增长了。他们还成功地说服一家实力雄厚的投资公司来投资，推出一款具有广阔的市场前景的新型办公软件。他们为了全身心地投入到新软件的开发中去，把地下室当起了自己的家，半年后终于推出了完美的产品。上市后产品供不应求，他们终于挖掘到了自己的第一桶金。接下来，公司开始发展壮大，仅短短的几年时间，就成为行业内有名的软件公司。小郑也被提拔为公司的副总兼技术总监。

后来老板和小郑同游澳大利亚的悉尼，他们在阳光明媚的海滩晒着日光浴，回首往事，感慨万千，老板情不自禁地问小郑："老弟，你知道我为什么能支撑下来吗？"小郑说："因为你是打不垮的，否则我也不会留下来的。"老板却说："不，其实当员工纷纷离我而去的时候，我就想关门不做这一行了。我从不怀疑自己的能力，但我当时已经相信'谋事在人，成事在天'的说法了。可是你让我找回了做好公司的信心,我想只要有你在,我就还有希望,反正我已经一无所有了。感谢你!我知道,当时如果你走了,我肯定崩溃了!"老板为了感激小郑在最黑暗的日子里给他带来的希望和勇气,决定赠送给小郑40%的公司股份!

事实证明,能够与老板同舟共济的人一定能够得到老板的赏识。在一些成功的企业里,一些员工正是因为找到了自己与老板的共同利益所在,能够与公司共命运,所以才会一步步成长为公司里的优秀员工。

公司的兴亡关乎着公司里每一位员工的切身利益;公司衰亡,员工的利益就无法获得保障。所以,既然选择为公司工作,就是公司的一员。同样,不管你是机修工,还是推销员;不管你是会计,还是出纳;也不管你是技术开发人员,还是部门经理;哪怕仅仅是一名普通生产操作工,或者是公司里的高管,这些都无关紧要,而重要的是,你既然上了公司这艘船,必须和老板同舟共济,乘风破浪,驶向公司的目标港。

与老板同舟共济主要是在老板遭遇到挫折后,自己与老板共患难,同进退。当然自己要有判断力,看一下这个老板是否值得你继续追随,如果值得你追随,你就要坚持下去,最后一定有所收获。

公司的利益关系你的口袋

衡量员工对公司忠诚的标准之一,就是员工是否把自己的利益和公司的利益结合起来。一个企业从创办开始,它的目的就是为了创造更多的利润,所以老板雇用员工的目的之一也是为了创造更多的利润,这是不争的事实。同样的,一个员工进入公司,他也是通过劳动为自己创造利润,但是只有通过劳动为企业创造价值，使企业获得利润，员工才能获得报酬，才能有稳定的生活保障。因此，公司的利益与你的薪水息息相关。

一个忠诚的员工能时刻想着公司的利益，他明白公司发展好，自己的腰包才会鼓起来。所以，他对工作敬业，踏实勤奋。惠普公司创始人威廉·休利特和戴维·帕卡德曾经说过："只有在员工为公司创造出丰厚利润的条件下，他们的奖金和工作才能得到保障。公司只有实现了盈利，才能把赢得的利益拿出来与员工分享。"

周晓刚从学校毕业，找到一份销售厨房用具的工作，她的工作内容是上门去推销厨具。对于性格本来有点内向的周晓来说，这个工作还是有点难度。但是既然都选择这个工作了，她必须去面对。

当时公司规定一套厨具的定价是4500元，在这样的大都市里，这样的价格并不太高。但是信用危机四伏的当代人，是相当反感上门的。不管你推销的商品是否物美价廉，他们一概不信任。一个星期过去了，周晓没有拿到一份订单。与周晓同样遭遇的同事纷纷离开了公司，留在公司的已寥寥无几了。周晓给自己打打气，不到最后，绝不能认输！

如此巨大的压力下，有同事开始想其他办法。价格战就是他们首先想到的办法。价格从4500元降到了4000元，在从4000元降到了3500元，而最低的已降至3000元。随之而来的就是订单的增多。其他同事纷纷效仿，唯有周晓不为所动。周晓心想，这是公司的定价，降价销售现在虽然对公司没有什么损失，但如果都降价的话，以后的市场再调整价格就很难了。周晓坚持公司的定价，有好几次她说服了客户，最终却因为价格太高而没能成交。

一个月的试用期满后，总经理把所有的推销员召集到一起开会，周晓知道自己可能没戏了，她一个月的努力才换回来两份订单，而其他同事，少则10

份，多则30份。

经过考核，到了决定这些推销员去留的时刻了，总经理宣布："经过公司的研究，决定在你们当中留下一人，留下者底薪1500元，住房补贴300元，奖金按销售额的20%提成。"

每个人都很紧张这个留下来的人是谁，没想到总经理居然宣布了周晓的名字。在场所有人都感到意外，总经理接着说道："周晓的订单虽然是你们当中最少的，但是，她的订单都是按公司定价签下的，没有打折扣。公司早有规定，不得任意抬价、降价，我希望我的员工能忠于本公司，忠于公司的章程和管理制度。不管你有多么想获得成功，都不要忘了自己的原则、公司的规定，如果人人为了自己的利益都情愿去违背公司的规定、制度，那公司以后还怎么信任你们？"场上当时鸦雀无声，他们都在反思总经理的话，大家不约而同地明白了：无论如何都要对公司所要求的不打折扣完成任务。

"利润至上"，任何一家公司为了生存和发展都会秉承这一原则。每一个员工都要明白，我们的劳动虽然是为公司创造利润，但也是为我们自己创造利润，体现了我们劳动的价值。现在很多员工却不这样想，总感觉自己辛辛苦苦为老板打工，老板就给那么点工资，工作这么久都没有给加工资。就开始了无穷无尽的抱怨，哪里能好好工作呢？但是他们怎么不问一下自己，老板凭什么给他们加工资？等你把公司的利益当作你自己的利益，为公司创造收入了，那么你的收入自然就增加了。

一个优秀的员工，并不是要员工只听话，更要求员工把公司的事当作自己的事，与公司一起创造利润。

蒋菲刚从一所大学毕业就来到了深圳。初到深圳，蒋菲并没有太多的奢望。她明白自己的专业不是什么紧缺专业，长相也不出众。在万花筒一般的南方大都市里，能有自己的一方立足之地就不错了。

经过面试她到一家房地产公司工作，刚开始公司领导安排她做电脑打字工作。她为了挣够每天的一日三餐，只有埋头努力工作。她每天都有打不完的材料，工作认真刻苦是她唯一可以和别人竞争的资本，而且，在公司里，她也处处为公司着想。打印纸从来都不舍得浪费一张，如果不是重要的文件，她把一张打印纸两面用。后来，一次吃饭的时候，老板告诉蒋菲，他特别欣赏她这种节俭的作风。

一年之后，受环境影响，深圳的房地市场大滑坡，在全深圳都很难找到一家生意红火的房地产公司。老板在一项工程投入1亿多元被牢牢套死。资金运作困难重重，员工工资都快要发不出了。这时，许多员工纷纷跳槽。到第二年7月底，公司总经理办公室的人员就只剩下蒋菲一个了。人少了，她的工作量大大增加了，除了打字，还要接听电话、为老板整理文件等零碎的事情。蒋菲却从无半句怨言。公司还没有彻底垮掉，那些人就纷纷离公司而去，蒋菲从心里有说不出的滋味。

有一天，蒋菲直截了当地问老板："您认为您的公司已经破产了吗？"

老板很惊讶，说："没有！"

"既然没有，您就不应该如此无精打采的。现在的情况确实不好，可许多公司都面临着同样的问题，并非只是我们一家。而且，虽然你的1亿多元砸在了工程上，一时半会很难收回，可公司还可运转呀！在东莞，我们不是还有一个公寓项目吗？只要好好做，这个项目就可以让公司起死回生。"她说完，拿出关于东莞项目的策划方案。老板埋头看了好一会儿，然后，抬起头，满脸都是惊讶："我没想到的这个项目的策划方案，居然被你想到了！"

几天之后，蒋菲被派往东莞。在东莞，她整整待了两个月。结果，那片地理位置不算好的公寓全部先期售出，蒋菲拿到了2亿元的支票，公司终于有了起色。

又过了4年，公司改成股份制，老板当了董事长。董事会要聘请一位总经理，有很多副总都很优秀，纷纷被推荐，而董事长极力推荐蒋菲，最后蒋菲成为新公司第一任总经理。蒋菲说："我销售公寓为公司盈利了，许多人问我是如何成功的，我说一要用心，二没私心。"确实，很多人一面在为公司工作，一面在打着个人的小算盘，怎么能让公司盈利呢？

你的财富不是来源于你光为自己考虑的小算盘，而是来源于你对公司的忠诚度。忠诚是一个员工的优势和财富，它能换取老板的信任，从而转化为金钱上的财富。金钱在你的银行卡上增长，而你的人格魅力也在增长。

想要做一名对企业有价值的人，首先要做的是全心全意为公司服务。你服务的直接物质价值就体现在公司的盈利与业务增长，而精神价值则体现在你对企业文化的认同与贡献上，比如忠诚的心态就是对企业文化最大的贡献。作为一名员工，要时时以企业利益与荣誉为己任，努力为企业创造利润，伴随企业的成长而成长。为企业盈利、创造最大的财富是企业老板和员工的一致目标，因为双赢才是真正的盈利。

10

保孝行章

[原文]

夫惟孝者，必贵本于忠。忠苟不行，所率犹非其道。是以忠不及之，而失其守，匪惟危身，辱及亲也。故君子行其孝，必先以忠，竭其忠，则福禄至矣。故得尽爱敬之心，则养其亲，施及于人，此之谓保孝行也。《诗》云："孝子不匮，永锡尔类。"

[注释]

保孝行：保证孝道的推行。

"孝子不匮"二句：孝子孝心永不竭，福禄永远相伴随。匮，缺乏，竭尽。锡，通"赐"，赐给。尔类，你们这种人。

[译文]

奉行孝道的人，最重要的是尽忠。如果一个人连尽忠都不能做到的话，那么他所做的一切都不会符合道德标准。所以尽忠尚且不能做到的情况下，最容易失去其应有的东西，这不仅仅是危害到本人，同时也会给他的亲人带来耻辱。所以有道德品行的君子在奉行孝道之前，首先要恪守忠道。如果能做到以忠道办事，富贵荣禄自然就会降临到自己身上。因此，也就能对自己的亲人尽到敬爱之心，并很好地赡养他们，甚至还可以惠及所有的人。这样做，就称得上是真正奉行了孝道。《诗经》上说："孝子孝心永不竭，福禄永远相伴随。"

[现代管理启示]

永远忠诚于企业

在很多人看来，员工忠于企业并不能创造出多大的物质价值，不能直接兑换成金钱。但你要想想，忠诚可以帮你立足于这个社会。在这个社会有了一席之地之后，你方能以此为基点，而后得到更多的物质回报与更高的精神赞赏。而员工忠于企业最直接的行为就是将身心全部融入到企业，和企业结合成为一个共同体，与企业共同成长，共同进步。如果员工对企业的忠诚成了一种习惯行为和心理定式，就会进一步把"忠于企业"变成一种信仰和原则，而不是枯燥的教条，这样的忠诚才会长久。

忠诚于企业最基本的一点就是绝对不能做有损于企业的事。不要背叛公司。即便一个人辞职了，也很少去做反戈一击的事，甚至仍然关心原公司的现状和发展。

"永远忠诚"放在企业里也非常有价值，它应该作为每一个员工的工作箴言。在当今世界上，有很多历经百年仍然屹立于世的公司，比如可口可乐、沃尔玛、柯达等，这些公司长盛不衰的原因在于始终有一批"永远忠诚"的员工。

时下经济迅猛发展，给各大企业带来机遇的同时，也带来了挑战与危机。而挑战与危机主要表现为忠诚危机，亦即是说企业希望每个员工都对自己表示忠诚，而又不能保证每个员工都是忠诚的。因为忠诚是看不见的，只有当发生某些事件时，才能知道是否忠诚。特别是关于商业机密。商业机密保护得好，可以让本企业长足发展；相反，如果泄露的话，则会让企业陷入危机，甚至万劫不复。但是任何一个企业都难以保证每一位员工对自己绝对忠诚而不泄露商业机密。现实中，不可避免地会出现员工泄露自己公司商业机密的情况，有的是因过失无意导致商业机密的泄露，有的则是员工由于禁不住各种诱惑而故意出卖公司的商业机密。对于后者，可以说是完全的不忠诚了。

很多企业为打败对手或者迅速抢占市场，采取一些不正当的方式展开竞争，这是不可避免的。员工要保持清醒，他们往往会许以重金，或者是高职位，但等目的达到后，肯定不会让如此不忠诚的员工进入自己的公司，因为不忠诚的员工一旦进入公司，很难保证不做出卖自己公司利益的事情。所以员工千万不要被眼前的利益所诱惑而断送了自己的前途。许多人容易被眼前的利益所诱惑，而失去做人的原则，他们以为自己能够得到比原来更多的利益，但实际上他们失去的会更多，比如自己在本行业的信誉，而且永远也找不回来了。

陈玲跳槽到了一家公司任主管后，没过多久就接到了解聘通知书。颇感意外的她，去找老板想要知道原因。不等她开口，老板反过来先问了她两个问题，要她回答"是"或者"不是"。

问题一："你去法国培训是以前的公司花钱委派的吗？"

陈玲回答："是。"

问题二："你跳槽是因为工资太低了吗？"

陈玲回答："是。"

老板说："这就是你被解聘的原因，因为你不够忠诚。"

陈玲急忙说："可是——"

老板打断陈玲的话："我不想听你辩解什么。"

陈玲只好灰溜溜地离开了公司。一直弄不明白老板为什么要问她这样两个问题。后来，她接到了一个原来公司同事的电话，才知道原来公司的老板与现在公司的老板是朋友。老板开会说她刚跳槽就被炒了鱿鱼，是缘于对以前公司不够忠诚，难保她有一天也会做出同样的事情来，对现在的公司不忠诚。

陈玲跳槽的主要原因是公司待遇问题。总希望工资有所增长的她，渐渐与原来老板发生了矛盾。陈玲认为自己已出国深造了，各方面都有所提高，给自己涨工资那是理所当然的事。而老板却认为，我已经花钱让你出国深造了，还要给你涨工资，这未免有点过分了吧！如果真要涨工资，就得先拿出业绩来。陈玲认为自己不仅学历高，而且又有多年的工作经验，加之还出国深造过，所以总是会有公司给她"合理"的薪水。于是乎，没等老板批准，她就已经走了。只是没想到结果会是这样。

陈玲的职场遭遇，就是她对以前公司不够忠诚，只顾眼前利益，贪慕虚荣，不愿意踏踏实实工作，这样的员工肯定不会受到老板的赏识或重用。

在缺乏信仰的今天，员工很容易背叛自己的忠诚而出卖公司。因此能够忠诚于公司的员工就显得更加可贵、更加难得，也更加会得到公司的重用。与此相对的，能留住忠诚员工的公司也是相当难得的。当你忠诚于你所在的企业时，企业为了留住难得忠诚的员工，给你无限信任的同时，一样会赋予你无限的发展机会，所以，对于企业与员工应该互相珍惜、互相信任。

大卫在一家电子公司上班，他是这家公司的电子工程设计师。该公司时刻面临着规模较大的利比达电子公司的压力，处境很艰难。

一次偶然的机会，利比达电子公司的技术部经理邀大卫共进晚餐。在餐桌上，这位经理问大卫："只要你把公司里最新产品设计资料透露给我，我会给你一大笔钱和很高的职位。怎么样？"一向温和的大卫一下子就愤怒了：

"不要再说了！我的公司虽然效益不好，处境艰难，但我绝不会出卖我的公司做这种见不得人的事，我不会答应你的，这是我的原则。"

"好，好，好。"这位经理不但没生气，心里反而更加佩服他。不久，发生了令大卫很伤心的事，他所在的公司因经营不善而破产。大卫失业了，一时又很难找到工作，只好在家里等待机会。没过几天，他突然接到利比达公司总裁的电话，让他去公司一趟。

大卫百思不得其解，不知利比达公司总裁找他有什么重要的事。

他疑惑地来到利比达公司，出乎意料的是，利比达公司总裁热情地接待了他，并且拿出一张聘书请他做本公司的"技术部经理"。

大卫有点吃惊，便问："你为什么这样相信我？"利比达公司总裁哈哈大笑说："原来的技术部经理退休了，他向我说起了那件事并特别推荐你，小伙子，你的技术水平相当出色，但你的忠诚更是让我佩服，你是值得我信任的那种人！因为你不会出卖自己的事业。"

大卫一下子醒悟过来。后来，他凭着自己的技术和理论水平成了优秀的职业经理人。

一个不为诱惑所动、能够禁得住考验的人，不仅不会丧失机会，相反会赢得机会。此外，还能赢得别人对自己的尊重。大多数老板都是这样认为的：一点点忠诚比一大堆智能更有用。毕竟给老板做事，需要用行动来落实的小事有很多很多，而需要用智能来做出决策的大事却很少。能保守公司秘密、有忠诚度的员工，他们的聪明和智能才能为老板所用，这样的员工也才能让老板放心。

做一个有职业道德的人，最起码的一点就是要严守公司秘密。这是对每一个员工的要求。所以，每位员工从工作一开始就要付出忠诚。如果你不谨慎，说话随意，说了不该说的话，无形当中泄露了公司的商业机密，那么，轻则会使公司的运作处于被动，丧失抢占市场的先机；重则会造成不可挽回的局面，使企业陷入停滞关门的危机中。因此凡事要提高警惕，注意言多必失。这样的事，即使发生一桩，也会让公司陷入困境之中。所以，事关公司的商业机密，员工一定要以企业利益为重保守企业的商业秘密，永远忠诚于企业。

"永远忠诚"并不是一句空洞的口号，更不是口头上表示忠诚，而是体现在具体的工作中。

"永远忠诚"的员工能在利益面前不为所动，不出卖自己的公司，不外传或泄露公司里任何机密。每个员工应永远忠诚于企业，永远忠诚于自己的本职工作，唯有这样自己才会有进步，公司才能不断地成长。

为企业工作就是为自己工作

在企业中有两种员工：一种在挑水；另一种在挖井。为什么会这样说呢？因为企业中存在两种心态的员工，那些认为自己只是为企业打工的员工是挑水喝的人，而那些将工作当成自己的事业来经营的员工则是挖井人。既要做一个挑水喝的人，又要做一个挖井人，这样才有保障。有一句话是这样说的：为企业工作就是为自己工作。

挑水喝的员工从不知道饮水思源、更进一步。他们认为在哪里都有水挑，你不给我高点的工资，我就去别家公司挑水喝，殊不知，长此以往，他们永远只能挑水喝，而不会拥有自己的水井。挑水喝的员工只关心自己的私人利益，特别是只关心自己的眼前利益，而对公司利益则漠不关心，甚至不惜损之而利己。而挖井的员工却正好相反，他们知道唯有持之以恒地为公司服务，才有可能见到地底的水。公司蓬勃发展了，自己也就跟着受益了。他们从不比薪水与职位，而是比工作业绩。他们注重经验的积累和能力的加强，他们想到的永远是如何更好地为公司付出，因为他们知道为公司工作就是为自己工作。挖井的员工更多的是关心公司的利益，关心公司的成长和未来，而把个人利益放在最后。他们深知只有公司发展壮大了，个人才能收获更多的回报。

挑水喝的员工只做自己分内的事，甚至自己分内的事情也总是打折扣。对待工作敷衍了事，不思上进。他们总以薪水的增长为目标，而忽视工作本身给他们带来的快乐与意义，甚至为了提高业绩而偷工减料、以次充好，以不合格的产品冒充合格的产品。工作之外的事情，哪怕只是多做一点点，也会推三阻四。即使自己主动去做，也是唯利是图才会去做，无利可图的话，只会避之而唯恐不及。与此正好相反，挖井的员工不仅会认认真真做好自己的本职工作，还将自己的工作延伸到本职工作之外，只要事关企业的声誉或利益，都会自动自发积极主动地付出自己的时间、精力与智慧。

挖井的员工对待工作是自动自发的，对工作之外的事也是一样，只要发现有损于企业形象或利益的事，立马上前予以制止，不会等待上级下达命令才去做，更不会跟上级去谈条件，图个人利益。

威廉·莫里斯和他的哥哥都在美国的一个码头打工，他们的工作地点是码头的仓库，工作是给人家缝补篷布。兄弟两人都很聪明能干，做的活儿也精细。但威廉·莫里斯与哥哥不同的是，当他看到丢弃的线头、碎布也随手拾起来，留作备用，就像给自己家做事一样。

一个风雨交加的夜晚，威廉·莫里斯突然惊醒了，他拿起手电筒，想都没想，飞也似的冲了出去。哥哥还没回过神来，他就已经消失在雨中。哥哥却只能在后面骂他是个傻瓜。威廉·莫里斯跑到露天仓库里，仔细检查了一个又一个货堆，并顺手把被风掀起的篷布重新盖好。与此同时，老板也不放心这些货物，当天晚上就开着车过来看一下，刚巧遇到了已被淋成落汤鸡的威廉·莫里斯。

威廉·莫里斯的忠诚和负责得到了老板的赏识，他被直接晋升为分公司的总经理。分公司的大小事务均由威廉·莫里斯一人决策处理。因为老板信任他，他就把公司当作了自己的家。威廉·莫里斯的哥哥不止一次地对他说："给我弄个好差事干干。"威廉·莫里斯都始终没有同意，虽然这对他来说只是举手之劳，但他深知哥哥是能力有余而心不足。哥哥直骂他六亲不认，说他："你真傻，这又不是你自己的公司！"

在威廉·莫里斯看来，干事业就是脚踏实地地履行职责，不论是给别人干还是自己干。正是由于他的诚实和执着的品质，不仅得到了老板的赏识，自己也从中学到了很多的经验。这也为他之后自立门户创造了条件。在此之后的几年里，威廉·莫里斯便成立了自己的公司，自己当上了老板。而一同出来打工又能力相同的哥哥，可能一辈子就只能当个缝补工人了，而他也许永远也不明白，自己才是真正的傻瓜。

挑水喝的员工其实并没有表面看上去那么"精明"，其实他们才是只会为蝇头小利而牺牲大好前途的真傻子。要在一样单位时间内做一样的工作，何不认认真真完成呢？你多付出一分汗水，就是在为未来铺路。挖井的员工因为从不肯在工作上偷奸耍滑，所以他们通常看上去好像有点儿"傻"，但成功往往更喜欢青睐于他们。因为一份耕耘，一份收获，是亘古不变的真理。

但我们必须正视的一个事实是，挑水喝的"精明"员工在事业上取得成功的则是少之又少，而挖井的"傻"员工在事业上取得成功的则不胜枚举。

究其原因，可能就在于：挑水喝的人即使领再高的薪水，但总有老的时候,当他们"挑不动"的时候,就没有价值了,生存可能都是问题;而"挖井"的员工虽然当前会辛苦一些,但挖出的井水却足以受用一生,子孙后代还可接着享受。

其实,在职业生涯中,只要每个人愿意以"挖井"的精神去工作,愿意付出自己的全部精力,愿意把工作当成自己的事业来做,抱着为企业工作就是为自己工作的态度,那么,每个人都能在最大限度上实现自己的职业理想和人生价值。莫里森就为我们做了一个很好的示范。

莫里森是微软公司最优秀的经理人,他上任几年,创造了一个又一个奇迹。有一个朋友笑他:"你去年为什么要翻三番呢?翻一番不就好了吗?如果今年翻一番,明年再翻一番,那翻三番不就能混三年吗?你这样再怎么辛苦,赚得大把的钱都跑到老板的腰包里去了。微软又不是你自己开的,最后赚钱的仍然是老板。"

莫里森微笑着告诉他的朋友:"我们的工作目的不只是追求一份薪水,虽然我是职业经理人,而不是老板,但也要把工作当成自己的事业来做。它就像我的孩子一样。我不仅希望它能翻三番,我还希望它能跳多远就跳多远。因为这上面不仅反映的是老板的利益,同时也是我的价值。"

所以,从某种意义上来说,一个有远见的员工为企业工作实际上是在为自己工作。只有把企业的事情当成自己的事情好好做时,自己才有成就感,也才能够不断地提升自己的价值,完备自身的各方面能力,使自己越来越成熟。

英特尔前任总裁安迪·葛洛夫在一次演讲时说过:"不管你在哪里工作,都别把自己当成员工——应该把公司看作自己开的一样。"事实上,只有如此,你才能学到真正的本领,成为最终的受益者。

在我们周围有很多只知道"挑水喝"的年轻人,他们为了挣一点工资而不断地选择跳槽。几年下来，他们会忽然发现，自己这几年不仅没有做出什么成绩，反而沦落在被社会淘汰的边缘。这样的人的确让人感到惋惜。

不要抱有自己只是在给公司或老板工作的想法，其实为公司工作就是在为自己工作。对于一个有理想的人来说，应该利用各种工作机会来增长自己的才干，把工作机会当成自己学习、锻炼的平台，对自己要求越严，能力就会提升得越快。要想把看不见的梦想变成看得见的事实，就要兢兢业业地工作，就要有为企业工作就是在为自己工作的理念。强烈的敬业精神会将你推上成功的良性轨道，并积极引导你走向成功。

敬业的前提是爱岗

爱岗敬业，实际上是我们在从学校毕业走上工作岗位、开始职业生涯时就应该具有的一种基本工作态度和原则，我们最终是为我们自己工作的，这也是我们一生应当恪守的职业道德。敬业的前提是爱岗，只有热爱你的岗位，你才能在这个岗位上用自己的热情去工作。

工作岗位是人生旅途拼搏进取的支点，是实现人生价值的基本舞台。爱岗，就是安心、热爱本职工作。本职工作，就是你必须做的工作。面对领导安排的任务，不能推脱责任，不能找借口，你必须按时完成它。然而，光完成还不够，爱岗还需要热忱的态度，主动自发地完成。

我们经常在大街上能看到穿黄颜色衣服的清洁工，清洁工作脏吗？累吗？对于某些人来说，又脏，又累，甚至感觉扫大街很丢人。对于优秀的清洁工人来说，他们不会有这样的感觉。首先，城市需要他们，他们用辛勤的劳动换来城市的清洁，值得我们每一个人赞扬。其次，这是他们的本职工作，他们热爱自己的工作，视工作为应尽的义务。其实，不管你是何种职业、何种岗位、何种身份，都必须在自己的岗位上认真负责，尽心尽力，这是一种职业道德。

爱岗，其实是一种奉献精神，把个人的利益放在群体利益、国家利益的后面。奉献精神，是爱岗敬业的升华。提到爱岗敬业，在我们脑海里就能想到这几个人的名字：孔繁森、牛玉儒、任长霞、沈浩等。只有爱岗敬业的人，才能在自己的工作岗位上勤勤恳恳、不断钻研学习、一丝不苟、精益求精，才能为企业做出贡献，为国家和人民做出贡献。

有人或许会说，重要的岗位容易调动人的主观能动性，而平凡的岗位很难让人产生敬业之情，因为枯燥无味。但是事实并非如此。其实，工作没有高低贵贱之分，劳动最光荣。不要认为你的工作岗位很平凡，就不能做出一番成绩来，像掏粪工人时传祥、石油工人王进喜、公交车售票员李素丽……他们中的哪一个不是在平凡的岗位上做出了不平凡的事迹？如果你仅仅是公司最底层的一个业务员，天天在大街上与各种顾客打交道，如果你笑容满面，把公司的产品用你最和气的语言介绍给顾客，赢得顾客的喜爱，这就是爱岗的体现。如果你仅仅是一个公司的文员，那么整理好每一份资料，保证没有差错，这也是爱岗的体现。积极性，不是岗位决定的，而是你自己决定的。只有在平凡的岗位上做到优秀了，你才能胜任不平凡的岗位！

某塑料厂的业务经理郝国明，总是以自己积极的心态工作，而且他的技术非常娴熟，做起什么工作来都得心应手，很受公司重用。他给自己确立了三个非常重要的要求：一是自我激励，要以积极的心态完成工作；二是确立目标，每天完成一个小目标；三是他认为任何事都有自身的发展规律，因此做任何事必须掌握那些规律并加以运用才能取得成功。

郝国明相信自己一定能够完成这些目标，并以实际行动履行这些原则。

每天早晨他都对自己说："我精力充沛、精神愉快，我不是一个普通人，我是大有作为的人。"他也的确是这样做的。

郝国明也用这些要求训练手下的业务员，大家也都有同样的信念和感受。每天早晨业务员短暂晨会的时候，大家都非常愉快，个个信心十足、精力充沛，在一起互相鼓励说我们是最成功的业务员，然后分头各自去完成自己的任务。

他们每一个人都给自己设立一个目标，目标之高令厂里其他部门的人感到佩服不已。但每周的业绩也是遥遥领先。

情形就是如此，正是积极的心态激励郝国明及其领导的业务员去发现他们工作中令人满意的事情，从而取得了成功。

爱岗的员工与不爱岗的员工有很大的差别。那些爱岗的员工，能以积极的心态对待工作，他们总在寻找好的东西，当某种东西并不好时，他们首先考虑的是怎样来改进它。但是那些不爱岗的员工，他们的心态就变得消极，他们总是报怨各种不如意的事情，甚至抱怨一些与工作不相干的事情，消极的心态完全占据了他们的灵魂。

如果你没有愉快的工作心情，你就得学会控制自己的心态，使自己积极起来。因为积极的工作心态是你爱岗的一种表现。

如何才能做到爱岗？首先，热爱本职工作。记住，我们所做的每一份工作都是有意义和价值的，对于自己来说，这是为事业打基础，爱岗还能迎来社会的认可和尊重。对于企业来说，人人都爱岗就会形成一股凝聚力，这股凝聚力可以推动企业的发展。

其次，要有团体合作精神。没有完美的个人，只有完美的团队。没有众人的帮助，不可能单独完成一项事业。

再次，自发主动去工作，不要等领导为你安排，不要别人来督促，不拖沓，要勤劳工作。

最后，一定要有强烈的责任心，把企业的事情当作自己的事情。主动承担责任，不要为失败找借口。

还有一个非常重要的，就是要珍惜自己的岗位。珍惜岗位，也是爱岗的体现。当年，年轻的世界著名男高音帕瓦罗蒂从师范学院毕业后，问自己的父亲："我又想做歌唱家又想当教师，可以吗？"父亲回答他说："你如果想同时坐在两把椅子上，只会从椅子中间掉下去。因此你只能选择一把椅子。"同样，如果你不珍惜自己的岗位，好高骛远，这山望着那山高，到头来只会一事无成。你不珍惜你的岗位，自然会有人来替代你。只有踏踏实实，充分利用自己在岗位上的每一天，刻苦钻研，奋发图强，才能获得人生的成功。

爱岗敬业精神，既是推动企业发展的客观需要，也是每个员工实现个人价值、取得成功的必由之路。一个人要想在事业上取得成功，要在职业之路上赢得喝彩，就必须具有爱岗敬业的素质和品质，认认真真地工作。在履行好工作职责的过程中，寻找到自己的价值。投机取巧只会有一时的得意，踏实肯干才能得到老板真正的认可与尊重。

11
广为国章

[原文]

明主之为国也,任于正,去于邪。邪则不忠,忠则必正,有正然后用其能。是故师保道德,股肱贤良。内睦以文,外威以武,被服礼乐,提防政刑。故得大化兴行,蛮夷率服,人臣和悦,邦国平康。此君能任臣,下忠上信之所致也。《诗》云:"济济多士,文王以宁。"

[注释]

师保:官名,负责辅佐皇帝和教导贵族子弟,有师和保,统称师保。

被服:比喻蒙受某种风化或教益。

率服:全部臣服。率,全部,一概。

"济济多士"二句:济济一堂人才多,文王安宁国富强。济济,众多的样子。

[译文]

英明的君主治理国家,要任用那些为人正直的人做官,免去那些奸邪之人。奸邪之人往往缺乏忠心,而忠心耿耿的人必定为人正直。用人首先要看他是不是行得正,然后才能使用他的才能。所以,选用的老师都很有道德修养,起用的辅佐大臣都十分贤能正直,对内则以文治而和睦,对外则依靠武力而归附,广泛地施行礼义之教,慎重地施行刑罚。这样的话,就能使教化兴行,少数民族归顺,平民百姓和大臣都和睦相处,国家安定康乐、兴旺发达。这就是君主能任人唯贤,在下尽忠而在上信诚的缘故。《诗经》上说:"济济一堂人才多,文王安宁国富强。"

[现代管理启示]

让每一位员工站对位置

管理界有句名言:"人才摆错位置就会变成废铁。"因为每个人专业不同,处事方式不同,性格各异,因此要根据每个员工的特长来分配和安排工作,尽量发挥其长处而避其短处,以求达到人尽其才,物尽其用的效果。优秀的人才只有被安排到最合适的位置,才能发挥出自身最大的价值;如果人才放在错误的位置,没有合理地使用那就等于浪费人才,就很有可能会带给公司不小的损失。

当今社会人才济济,人才随处可得,但如何使用人才,做到知人善任却是一门很大的学问。因此,知人善任的领导者必定能成就事业,成就事业的人也必定能知人善任。一个优秀领导者的重要任务就是将公司的人才放在他们最合适的位置,而不是本末倒置,将一个优秀的人才放在不应该的位置上。让每个员工人尽其才、人得其所,才是最佳的用人策略。否则,任意地安排人才只会给公司造成负担,更容易让优秀的人才流失。

千军易得,一将难求。很多老板都在叹息人才缺乏,抱怨自己企业的员工素质太差。可这些被老板指责为素质低的员工,一离开企业,自己也当起老板后,竟获得了意想不到的成功。有人这样总结说:"招聘时是人才,上班后成庸才,要想干下去变奴才,离开后自己当总裁。"为什么会这样呢?用传统的"墙里开花墙外红"来形容,显然不全面。老板首先缺少识别人才的眼光,分明是一块难得的宝玉,老板却弃之如顽石;分明是一匹驰骋千里的良驹,老板却当成瘸腿驴，难以识别，就不能发现人才了。对此，古人辨识人才的远见，足以供今人借鉴。被称为"神人"的诸葛孔明，就是一位杰出的识别人才的"专家"。诸葛孔明将人才分为九类：道之以德，齐之以礼，而知其饥寒，察其劳苦，此谓之仁将；事无苟免，不为利挠，有死之荣，无生之后，此谓之义将；贵而不骄，胜而不恃，贤而能下，刚而能忍，此之谓礼将；奇变莫测，动应多端，转祸为福，临危制胜，此谓之智将；进而厚赏，退有严刑，赏不逾时，刑不择贵，此谓之信将；足轻戎马，气盖千夫，善图疆场，长于剑戟，此谓之步将；登高履险，驰射如飞，进则先行，退则后殿，此谓之骑将；气凌三军，克轻强虏，怯于小战，勇于大战，此谓之猛将；见贤若不得，从谏如顺流，宽而能刚，勇而有计，此谓之大将。那么，作为老板的你有这样九类将才吗？一个人是否有实力不要紧，只要他善于交际，能利用他人的智慧，照样能干成一番大事业。

唐太宗就是一个合理搭配人才的高手，正是由于他的用人智慧，使得唐朝国富民强，天下太平。王珪是唐太宗的一位大臣，他有过人的识人本领，而且擅长言论。一次，唐太宗在与他交流的时候，对他说："朝中有众多大臣，我想听听你对他们各自才干的看法。另外，将你自己和他们放在一块比较一下，说说你自己有哪些过人之处和不及之处。"王珪略作沉思，脱口而出："房玄龄为国鞠躬尽瘁，事无巨细，只要知道有没有处理妥当的，便会尽力为之，在这点上我不如他；魏征见微识著，常常关注皇上的言行举止，敢于直言进谏，这点我比不上他；李靖能文能武，外可征讨匈奴，内可辅佐皇上执政，这点我比不上他；温彦博处理公务一丝不苟、刚直不阿，并能够简单明确地传达皇上的命令和向陛下汇报工作，这点我比不上他；戴胄智谋过人，能处理各种疑难问题，这点我比不上他。在惩恶扬善、维护正义方面，我能够做得有声有色,并认为这点便是我的过人之处。"

除古代皇帝外,现代精通此道的人、闻名世界的长江实业集团总裁李嘉诚便是一个典型。在李嘉诚旗下,有霍建宁、周年茂和女将洪小莲三人。他们成为内部的核心管理人物,被舆论界并称为长实系的"新型三架马车"。

企业要有重才之心作为一个合格的管理者,只有把人才当作最重要、最稀缺、最宝贵的资源去对待,只有像爱护自己的眼睛那样去尊重、爱护人才,才能把各项事业建立在永续发展的基础之上,并长久地保持在良性循环的轨道上。企业成败的关键是人才,如果人才得不到企业的尊重和爱护,人的才能受到压抑,人的积极性得不到发挥,人的价值得不到肯定,那么伴随而来的必然是人的消极怠工、自由散漫、个人主义等不良现象;如果企业对人才缺乏吸引力、影响力、凝聚力和感召力,就会导致人才流失。因此,企业在用人时不应有所偏废,而应量才适用,使员工各得其所、人尽其才。

耕柱是一代宗师墨子的得意门生,不过,他觉得非常委屈,因为在众多门生之中,自己是被公认最优秀的人,而又经常遭到墨子的指责,让他感觉很没面子。直到有一天,耕柱愤愤不平地问墨子:"老师,难道在这么多学生当中,我竟是如此的差劲,以至于要时常遭您老人家责骂吗?"墨子听后,毫不动肝火:"假设我现在要上太行山,依你看,我应该要用良马来拉车,还是用老牛来拖车?"耕柱回答说:"再笨的人也知道要用良马来拉车。"墨子又问:"那么,为什么不用老牛呢?"耕柱回答说:"理由非常简单,因为良马足以担负重任,值得驱遣。"墨子说:"你答得一点也没有错,我之所以时常责骂你,也只因为你能够担负重任,值得我一再地教导与匡正你。"

墨子教育学生的方法自有他的独到之处,本也无可厚非,但将此方法来对照企业的人才管理就可以发现,这种方法在现代企业人才管理中存在一些致命的弱点。在"墨子育才"的故事中，耕柱是"良马"就得"负重"，而其他学生则被当作"老牛"而弃用。试想，如果其他门生得知老师存在这样的偏见，厚此薄彼，又会有怎样的想法呢？也许，他们当中的一部分人，特别是有才能的人会选择离开。

在企业的人才管理中，也存在类似的情况：一些管理者更多地关注突出人才，甚至是在工作中不不突出但管理者认为突出的人才，对他们实行制度倾斜和工作倾斜。而对于其他劳动者，甚至是工作出色但未能得到认可的劳动者，经常忽略他们。对员工的使用上不能做到真正的公平就是对人的不尊重。用人方面的公平缺失还表现在企业用人的论资排辈上。有的企业，不论是对企业原有人才，还是对新招聘的人才，使用时总是论资排辈，按部就班。这就说明：一件东西，判别其好坏，关键是看其所发挥作用的位置对不对。同理，对于一个人来讲，判别其价值的大小，关键也是看其所发挥作用的位置对不对。人才的地位与人才能力的发挥成正比，一个有能力的人不能得到老板的重用，其能力也得不到发挥，必定会感到压抑，工作也不会热情积极，这必然直接影响到企业的效益。

作为管理者，必须让企业的全体员工都能在企业中尽展其才，各尽其能。只有把每个员工都放到合适的位置上，人力资源才能发挥出最高效能。所以，一定要将好刀用在刀刃上，实现人岗匹配，将每一名员工的效能都最大化地发挥出来。

忠诚并不否定能力

在我们的职业生涯中，流动是很正常的，但流动带给我们的只是环境的变化，不变的应该是我们的忠诚。这已经成为员工的基本职业道德之一。忠诚会赢得老板的信赖，忠诚的员工走到哪里都会受到欢迎和尊重。但忠诚并不否定能力，一个既具有忠诚又具有能力的员工不管走到哪里都会受到老板的欢迎和尊重，而且会受到老板的赏识和重用。

可靠性，是终身受雇用的前提与必要条件，是胜任工作的重要指标之一。能力也是胜任工作的重要指标之一。在职场上，要让老板提拔你，你就必须可靠，而且必须有能力，首先看人品是否可靠，是否是一个朝秦暮楚，只管个人得失的人。其次，看你的能力是否可靠。一个缺乏忠诚的人，不仅会丧失发展的机会，而且会丧失立足社会的生存资本。一个忠诚和能力兼具的员工，是老板最理想的人才，也是最想要的人才，要比只有忠诚的员工更受老板的重用。

有两个同在一所大学毕业的本科生小刘和小宁，他们都是学汉语言专业的。毕业后，他们去了同一家文化公司应聘编辑，并凭借自己的学识顺利通过了笔试和面试。老板告诉他们试用期2个月，如果表现好或者能力突出，可以随时转为正式员工，待遇和福利要比现在高出很多。

他俩听老板这么一说，心里都充满了期待，并下定决心要干出成绩，力争提前转正。上班第一天，部门主管让他们熟悉一下公司的规章制度。第二天，部门主管给他们培训一下编辑方面的知识和注意事项。到了第三天，部门主管就给他们派发任务了，就是让他们校对书稿，要求在保质保量的前提下一天看6万字。他们在上司的安排下校对了一个月书稿，一个月下来他俩保质保量地完成了上司交给的工作任务。由于他俩工作十分努力，而且校对书稿认真仔细，部门主管给他俩提前转为正式员工了。接下来的一个月让他们做7天的图书市场调查，小刘由于口才很好，善于交际，很快完成了工作任务；而小宁因为不善于交际，在公司规定的时间内没有完成工作任务。后来小刘得到公司部门主管的表扬，不久他调到了公司的策划部，从事图书策划工作，收入也比以前提高了不少，而小宁还是做校对工作。

他们对公司都很忠诚，工作也很积极，只因能力不同，在职业生涯就会出现不同的情况。忠诚和能力兼具的员工必定会受到老板的器重，他的职业道路会越走越宽；而只有忠诚，不具有能力的员工，并不是老板理想的人才，一般不会受到老板的器重，他的职业道路只会越走越窄。除他严格要求自己要做一名优秀的员工，在工作中不断提升自己的能力，有了令人满意的工作业绩。这样的话，所有人都会对他刮目相看，也必定会受到老板器重。

我们设身处地地想一想，一个企业很有可能是老板的毕生心血，他们一般不会把事业交给只有忠诚没有能力的员工，更不会交给只有能力没有忠诚的员工，因为这两种人都不是老板理想的人才，他们最理想的人才就是既具有忠诚又具有能力的员工，因为这也是老板最想得到的人才。只有这样的人才，老板才会把事业放心地交给他们去做。

其实，每一家公司在录用人才的时候，首先看重的是员工的忠诚，其次是能力。因为他们相信，能力可以用后天锻炼取得，而忠诚却不能。如果一个人可以对原来的公司忠诚，那么他也可以对自己的公司忠诚。

小秦所在的公司是一家小型公司。起初员工中也不乏高等学历、能力高强之辈。可时隔两年，公司的业绩不仅没有起色，反而开始下降，大有关门大吉之势。自认为稍有资本的同事已纷纷离去，就只有几个人还在坚守自己的岗位。

那些同事临走之前，耀武扬威地对着小秦和其他留下来的人说："像我们这种有能力的人，在哪里都能找到工作，而像某些人，恐怕永远只能待在这里，等到关门大吉之后，该不会还要以乞讨为生。"听了这一席话之后，原本就自卑的小秦，更加无所适从。小秦开始怀疑自己的能力，是否对自己工作的公司忠诚就表示自己没有能力呢？又是否与自己的公司同舟共济就是愚蠢的表现呢？

恰逢此时，老板也在场，看着士气毫无的员工们，老板语重心长地说："忠诚并不否定能力，相反，它比能力来得更可贵。无论今后你们会如何发展，千万记住了，能力是任何人通过学习都可以得到的，可忠诚的心态却是只有拥有高贵品质的人才会有的。你们的留下，就已证明了你们的忠诚。忠诚它否定的不是能力，而是人品。"果不其然，在众人的努力下，公司又恢复了生气，这证明了忠诚是不否定能力的，因为如果没有能力，又怎么可能让公司起死回生呢？！

一个员工能力再强、本事再大，如果不能忠诚于自己原来的公司，他也很难忠诚于别的公司。忠诚是一种心态、是一种素质，也是一种美德，更是你赖以生存的修养。在当今市场经济大潮中，市场经济竞争的战场虽无硝烟弥漫，但却异常激烈，在这场没有枪炮硝烟但却旷日持久永不停歇的战役中，忠诚和能力是每个人的核心竞争力，也是通向成功的必由之路。

没有能力不行，没有忠诚更不行。忠诚并不否定能力，现在的企业招聘人才需要的是"德才兼备"。企业在发展过程中，不仅需要员工忠心耿耿，还需要他们有扎实的专业知识，较强的发现问题、解决问题的能力，这样才能保证企业在日益激烈的市场竞争中始终立于不败之地。

12

广至理章

[原文]

古者圣人以天下之耳目为视聪，天下之心为心，端旒而自化，居成而不有，斯可谓至理也已矣。王者思于至理，其远乎哉！无为，而天下自清；不疑，而天下自信；不私，而天下自公。贱珍，则人去贪；彻侈，则人从俭；用实，则人不伪；崇让，则人不争。故得人心和平，天下淳质，乐其生，保其寿，优游圣德，以为自然之至也。《诗》云："不识不知，顺帝之则。"

[注释]

旒：古代帝王冠冕前后垂挂的玉串。

自化：（国家）自然得到治理。

居成：拥有成绩。

贱珍：轻视珍贵的东西。

优游：悠闲自得。

"不识不知"二句：虽然在不知不觉之中，但也要遵循自然法则。不识不知，不知不觉。顺，遵循。则，法则。

[译文]

古时候的圣德明君以天下所有人的所见所闻来作为自己的闻知，利用天下所有人所想到的，作为自己所想到的；连头上的帽子的玉串也不用晃动一下，国家就得到治理；即使取得成就，也不归功于自己，如此可谓天下就能大治了。君主帝王思考着如何治理国家的谋略，涉及得极其深广。若能如此，不用施行刑罚，以德政感化民众，天下自然而然变得清静太平；不用怀疑，天下之人自然而然变得令人信赖；不怀私心，天下百姓自然而然变得公正无欺。不再贪恋珍贵的东西，人们心中的贪念就会去掉；改掉奢侈的习惯，世人就会变得节俭起来；崇尚务实，那么人们也就反对作假伪造；推崇忍让，那么人与人之间见利就不会发生争斗。所以说，只要人心平和，天下所有的人也就趋于淳厚、质朴。人们都喜欢自己的工作和生活，自然也就能获得健康长寿，悠闲自得地走在既圣明又厚德的境地上，并且顺应自然才能达到这种程度。《诗经》上说："虽然在不知不觉之中，但也要遵循自然法则。"

[现代管理启示]

心态决定一切

苏联著名作家高尔基曾说过这么一句话：一个人的奋斗目标越高，其所激发的动力就越大。古语有言：哀莫大于心死。这些无不指向一个道理：心态决定一切。好的心态可以将你引向光明、宽广的道路，而坏的心态只会让你的路越来越黑、越走越窄，最后迷失在黑暗中。不好的心态是遇到困难就不想办法去解决，碰到难题就逃避；有了便宜就抢着占，取得一点成绩就沾沾自喜，最后搞得工作生活一团糟。

态度决定一切。每个人都要明白这一点：要做到平凡而充实，让平凡的工作成为自己快乐的源泉，不是通过变换工作，而是要通过改变自己的工作态度和工作方式。

人生有1/3的时间是用来工作的，每个人应抱着乐观积极的态度去对待工作、对待生活，把工作当做成就自己价值和体现自己能力的途径以及自己的乐趣所在，认认真真地去做，积极地去思索，每天有所收获，有所提高。如果有能力，就给自己设定一个更高的工作目标和奋斗职位，甚至创业前景，这就足够了。最重要的是，千万不要妄自菲薄、甘愿平庸，以消极怠工的态度去对待工作、对待生活，懒懒散散漫无目的地工作；不是积极行动，而是消极应付；凡事不认真对待，不尽最大努力地做事。那样，当你惊觉时，早已陷入了可怕的平庸泥潭。

拥有积极心态的人身上永远洋溢着自信，他们会用自己行动告诉你：要有信心，信心是你无限魅力的来源，要相信自己，世界上最重要的人就是自己，你的成功、健康、幸福、财富依靠你积极的心态。所罗门国王据说是西方古代最明智的统治者。所罗门曾说："他的心怎样思量，他的为人就是怎样。"换言之，人们相信会有什么结果，就可能有什么结果。人不可能拥有自己并不追求的成就。积极人生的至理名言是：自己掌握自己的命运，自己做自己的主人。在人的本性中，有一种倾向：我们把自己想象成什么样子，就真的会成为什么样子。积极的人能够掌握自己的命运。如果事情不顺利，他立刻做出反应，寻找解决办法，制订新的行动计划，并且主动寻求忠告。

有一位失业青年，总是依靠慈善机构来养活自己。一天，他写信告诉卡耐基先生，说自己曾多次求职失败，希望卡耐基先生能给他一个建议。

于是，卡耐基亲自从繁华的城市到贫民区来找这位男青年。他发现，这位青年对事业有着强烈的热情，却难以克服多年来养成的懒惰习惯，不能勤奋地工作，以致陷入了困境中。

卡耐基对这位青年说："你总是想干一番事业，当你真正面对时却不愿意付出百倍的努力。事实上，一个人如果不能克服懒惰习惯，他便不会有一个勤奋的开始。而失去了勤奋，他也就只能在困难面前低下头，更没有战胜困难的勇气。"

这位青年说:"我很想改掉这个坏习惯,但还没想出战胜它的法子。"

卡耐基和蔼地说道:"为自己制定一个短期目标,找一份工作,每天必须严格要求自己,从身边的小事做起,踏踏实实地干好工作,并养成每天把自己的房间打扫得干干净净、整整齐齐的良好习惯。这样,勤奋的意识便会慢慢渗入你的脑海里。"

卡耐基的一番话让这位青年认识到自己以前总是失败的原因所在,就是没有养成勤奋的好习惯。这位青年听从卡耐基的忠告,重新开始寻找工作,依靠自己的双手来养活自己。他走到大街上,发现许多公司门前的招牌上面落了一层厚厚的灰,好久没有人擦过此招牌了。他抱着试试看的心理,拜访了一家公司的主管,对他们说:"招牌脏了会影响公司的形象,我可以将贵公司的招牌擦拭干净,工钱又很便宜。"公司主管高兴地接受了他的建议。不一会儿,他就把公司的招牌擦得干干净净。公司主管欣然地给了他工钱,还对他说:"希望你今后能继续提供这种服务。"

这件事启发了他,于是他决定用这次所赚的钱印制传单,买清洁用品,为所有需要清洁招牌的公司提供服务。这项服务推出后,立即受到各个公司的欢迎,在很短的时间内订单猛增,他便很快地投入到了自己的工作之中。

不久,这位青年又在此基础上成立了一家专门清洁招牌和粉刷楼房外墙的公司。他每天和工人们一起干活,同吃同睡同劳动。结果是,由于信誉良好、服务周到,他的公司得到了丰厚的回报。

失业青年求教于成功学家卡耐基先生,最终战胜懒惰的故事发人深省,催人奋进。他的故事就是一个心态问题,有懒惰的思想,时间一长就会养成懒惰的习惯,而懒惰的习惯将会把更多的困难带给自己。

一位伟人说过:"要么你去控制你的人生,要么是人生控制你,你的心态决定了谁是坐马，谁是骑师。"你要改变被动的命运，就要改变消极缺乏自信的心态。

每个人都可以在各个行业、各种环境下取得成功。然而，要想真正获得成功，必须要经历种种磨难。上天不仅会在很多时候对每个人说"不"，还会在每个人成功之前，把许多磨难强行推给我们，这便需要有一个良好的心态为自己领路护航。

卡罗·道恩斯原来是一名普通的银行职员，后来受聘于一家汽车公司，工作了6个月之后，他想试试是否有提升的机会，于是直接写信向老板杜兰特毛遂自荐。老板给他的答复是："任命你负责监督新厂机器设备的安装工作，但不保证加薪。"道恩斯没有受过任何工程方面的训练，根本看不懂图纸，但是他不愿意放弃任何机会。于是，他发挥自己的领导才能，并自己花钱找到一些专业技术人员完成了安装工作，而且提前一个星期完成了工期。结果，他不仅获得了提升，薪水也增加了3倍。"我知道你看不懂图纸，"老板后来对他说，"如果你随便找一个理由推掉这项工作，我可能会让你走的。"成为千万富翁的道恩斯退休后担任南方政府联盟的顾问，年薪只有象征性的1美元，但是他仍然不遗余力，乐此不疲，因为好的心态决定一切，道恩斯始终是这样认为的。

他的工作态度决定了他的成功，就是对工作抱着极大的热情，竭尽全力地工作，才赢得今天的成功。

工作本身没有高低贵贱之分，只是人们对待工作的态度不同而已。许多时候，一些人更热衷于政府部门的职业，因为这会给他们带来一种稳定感，而对一些商业、服务行业的工作却并不"感冒"，甚至会产生抵触心理。你如果总是看不起自己的工作，认为自己的工作毫无情趣，那么，这不但是对工作的否定，也是对你自己的轻视。轻视自己，不爱干工作的员工是绝不会将自己的工作做得很出色的。不尊重自己的工作，不将自己的工作看作是一种事业，看作是通向事业辉煌的必由之路，那么，这样的员工除了得不到必要的生活保障外，他们的价值理念、精神信仰方面，也都是缺乏的。与那些体面的职业相比，你的职业也许需要付出更多的汗水与劳动，但是你要记住莱伯特的忠告：

"如果人们只是盲目地追求政府职位与高薪的话，是非常危险的。它说明这个民族的独立精神已经衰竭，更可怕的是，一个国家与民族如果只苦心孤诣地追求一种安逸，会让整个民族像奴隶一样工作。"

跟工作谈恋爱

工作如同爱情一样，当你非常爱一个姑娘，你会拿出全部的热情去追求她。美丽的姑娘给你感情上的满足，而工作会给你物质上的满足。而且不论你现在是什么职位，你都必须明白这样一个事实：我们必须长期地、努力地工作。喜欢并且爱你的工作，这是你能全身心投入工作的基本保证。

跟工作谈恋爱，首要条件之一是选择你喜欢的工作。只有跟你喜欢的人在一起，你才有那种激情。只有选择你喜欢的工作，你才能发挥最大潜能去工作。如果你所从事的工作你并不喜欢，那这份工作将成为你的负担，长期下去将使你心情压抑，工作没有积极性和主动性，甚至身心疲惫，失去对自己工作的激情。

选择喜欢的女孩，并不是要一见钟情。一见钟情的事情会有发生，但那毕竟是少数。工作也一样，没有哪一份工作是我们一见钟情就喜欢上的，是经过长期的尝试和积累才有那种喜欢的感觉的。或者是从小我们一直就喜欢的，或者是我们读的专业，在学习的时候慢慢喜欢上的。那么，在就业的时候就选择与此相关的。

其次，我们要明白，没有最好的，只有最适合我们的。谈恋爱不可以像买东西一样东看看西挑挑，这世界上好的女孩子很多，不可能都去喜欢。找工作也是一样，根据我们的性格、专业、特长等，一定要找适合我们的。不要这山望着那山高，吃着碗里望着锅里，总是想着下一个会不会更好。这样下去，频繁地跳槽，就会降低你对工作的忠诚度，连同终身受雇力也跟着受影响。

因此，在工作中要多从自身出发，不要总是抱怨工作不好，抱怨老板不好。不去抱怨工作，不去抱怨老板，端正自己的态度，踏踏实实地工作，提升自己的能力，有了出色工作业绩，才会有发展的空间，否则只能是"原地踏步"，因为老板看中的是你的工作业绩。

再次，跟工作谈恋爱，要发现这份工作里潜在的优点。没有一见钟情的工作，俗话说日久生情，时间长了你就会发现一直站在你身边的那个女孩子原来那么可爱、那么迷人。感情是可以培养的，对工作的兴趣也是可以培养的。

约翰是一家连锁超市的打包员，每天机械地重复着这个几乎是一成不变的枯燥工作，毫无建树。直到有一天，他听了一场以"建立岗位意识"为主题的演讲，这种情况开始改变了。约翰开始学计算机，并且设计了一个能够自动搜索"每日一得"的程序，每天下班后，他就会把搜索到的"每日一得"打印出来，并在每份的背面都签上他的名字。当第二天他给顾客打包时，就会把这些温馨有趣或引人深思的"每日一得"纸条放入顾客的购物袋中。他希望通过自己的努力使这份枯燥乏味的工作变得充满情趣，并且让顾客感受到商店对他们的关心。结果，奇迹出现了。一天，连锁店经理到店里例行巡视，发现在约翰结账台排队的人竟比其他结账台多出3倍。经理大喊道："不要都挤在一个地方，多排几队。"但是没有人动。"我们排约翰的队是因为我们想要他的'每日一得'。"其中，有一个女顾客冲过去对经理说："现在只要我从这里路过我就会进来，要知道，过去我可是一个星期才来一次商店的。"在平凡的工作岗位上创造出不平凡的业绩，把简单的事情做得不简单，这就是对企业的忠诚，正如约翰所做的那样。

有句话说得好："选择你所爱的，爱你所选择的。"既然已经选择，那么就让自己努力去接受，爱上它。关键是调整好自己的心态，才能在不喜欢的工作中发现它的优点。

另外，恋爱中的人都能把对方的缺点看成优点，也就是要接受对方的全部。既然选择一个工作，你就得热爱这个工作的全部。一旦选择了工作，心态就显得尤为重要，心态决定一切。心态不仅决定工作质量和效率，有了好的态度，有了热心和激情，没准会让你喜欢上一项刚开始还陌生的事业，并使自己的工作达到卓越。一件工作有趣与否，取决于你的看法。对于工作，我们可以做好，也可以做坏。可以高高兴兴和骄傲地做，也可以愁眉苦脸和厌恶地做。如何去做，这完全在于我们。所以只要你在工作，何不让自己充满活力与热情呢？

就像从恋爱步入婚姻，久而久之，爱情就变成了一份责任。当我们选择这份工作了，这就是一份责任。我们怎么可以只接受工作带给我们的薪水和快乐，而不去承担工作带来的责任与压力呢？再说了，只要做一份工作，就必然会遇到苦难和挫折。

这个世界上，不管什么样的工作，背后都要付出巨大的努力和艰辛，台上一分钟，台下十年功说的就是这个道理。体力劳动者，会因为工作环境不佳而感到劳累或者疲倦；在窗明几净的办公室里工作的中层管理者，也会因为忙于协调各种矛盾而身心疲惫；居于高层的管理者，有公司内部管理和企业整体运营的压力，时常心力交瘁。

当你跟恋人在一起，你就得接受她爱睡懒觉的习惯。这是必需的，否则无法相处。工作可以让我们获得物质上的满足，但是随之而来的各种问题和压力，我们也必须承担和忍受。

其实，许多知名企业在招聘人才的时候，他们并不十分看好业务技能顶尖的人员，员工对工作的敬业程度与热忱与否，将是企业是否录用他们的一个重要衡量标准。也有一些企业打出了"只用最合适的，不用最好的"招牌。许多时候，你是否会喜欢自己的工作，是否能以饱满的热情投入到工作中，都会影响到你的企业形象和工作业绩。所以，工作的好坏，不在于工作本身，而在于我们对工作的态度。只想接受工作的益处和快乐的人，是一种不负责任的人。

微软总部的办公楼里有一位临时雇用的清洁女工，在整个办公楼几百名职员里，她是唯一没有任何学历的人，工作量最大，薪水最少，可她却是整个办公楼里最快乐的人！

每一天，哪怕是每一分钟，她都在快乐地工作着，对任何一个人都面带微笑，对任何人的要求，哪怕不是自己工作范围之内的，也都愉快并努力跑去帮忙。热情是可以进行传递的，周围的同事都被她感染了，有很多人成了她的好朋友，甚至包括那些被大家公认的冷漠的人，没有人在意她的工作性质和地位。她的热情就像一团火焰，慢慢地整个办公楼都在她的影响下快乐了起来。比尔·盖茨很惊异，就忍不住问她："能否告诉我，是什么让您如此开心地面对每一天呢？""因为我在为世界最伟大的企业工作，"女清洁工自豪地说，"我没有什么知识，我很感激企业能给我这份工作，可以让我获得不菲的收入,足够支持我的女儿读完大学。而我对这美好现实唯一可以回报的,就是尽一切可能把工作做好,一想到这些,我就非常开心。"比尔·盖茨被女清洁工那种感恩的情绪深深地打动了,他动情地说:"那么,您有没有兴趣成为我们当中正式的一员呢?我想你是微软最需要的。""当然,那可是我最大的梦想啊!"女清洁工睁大眼睛说道。此后,女清洁工开始用工作的闲暇时间学习计算机知识,在企业里的任何人都乐意帮助她,几个月以后,她真的成了微软的一名正式雇员。比尔·盖茨之所以会雇用一名女清洁工,是因为他相信,一个对本职工作如此热爱的人,一定会非常忠诚于自己的企业。

不要在抱怨上浪费时间,把时间用在发现工作的乐趣上。当你抱有这样的热情时,上班就不再是一件苦差事,工作就变成了一种乐趣,就会有许多人愿意聘请你来做你更热爱的事。如果你对工作充满了热爱,就会觉得再枯燥无味的工作都是非常有趣的。设想你每天工作的8小时,如果感觉是和自己的恋人在一起,该是一件多么惬意的事情!

所以,去跟你的工作谈恋爱吧。选择自己喜欢的工作去做,如果刚开始不是喜欢的,那么尝试去发现工作中的乐趣。接受工作的全部,忠于自己的选择,同时在漫长的职场路上,用责任和热情去经营。相信我们可以与工作天长地久,并且创造出不凡的成绩!

认真是一种品质

认真,体现的是一个人做人做事的态度。做人最怕应付,做事最怕敷衍了事。工作中,保持认真的态度,是难得的一种品质。认真,是对工作负责的表现。一个认真的员工,不管做什么性质的工作,他都能做到尽善尽美。

毛泽东曾经说过："世界上，怕就怕'认真'二字。"工作中，一个人只要有认真负责的态度，就会随时保持紧迫感，会经常反思自己是否做好了分内的事情，会经常思考改进、完善工作的方法。

查理·斯瓦布先生原来是宾夕法尼亚的山村里一位出身卑微的马夫。他小时候的生活环境非常贫苦，只受过短短几年教育。从15岁起，孤身一人在宾夕法尼亚的一个山村里赶马车谋求生路两年之后，他才谋得另外一个工作，每周只有25美元的报酬，在这期间他每时每刻都在努力工作。功夫不负有心人，没多久他成为卡耐基钢铁公司的一名工人，日薪一美元。做了没多久，他就升任技师，接着升任总工程师。过了5年，他便兼任卡耐基钢铁公司的总经理。到了39岁，他一跃升为全美钢铁公司的总经理。他迅速成功的秘诀是，他每得到一个位置时，从不把月薪的多少放在心里。他曾说过："我不去计较薪水，我要拼命工作，我要使我的工作价值远远超于我的薪水之上，总有一天我要做到高层管理，我一定要做出成绩来给老板看，使他自动来提升我。"斯瓦布深知，一个人只要有远大的志向并付诸实际行动就一定可以实现梦想。他从不妄想一步登天，他充满乐观和自信，做任何事情都竭尽所能，他的每一次升迁都是水到渠成，势所必然。

工作没有高低贵贱之分，也没有轻重之分，选择了一份工作，对你来说，这就是最重要的。但是很多人总是这样认为，自己的工作很琐碎，老板不重用自己，那就随便应付一下得了。一屋不扫，何以扫天下？连这些简单的工作都做不好，老板怎么能放心把更重要的工作交给你做呢？

夜晚，一只狗在家里四处搜索什么东西。主人不耐烦地问道："你在找什么？"

"您给我的骨头找不到了。"狗回答。

"你把它丢在客厅，还是墙边？"主人又问道。

"都不是。我把它丢在了屋外的草丛里了。"狗又回答道。

"那你为什么不到外面去找呢？"

"因为那草地上没有灯光。"

这个丢骨头的狗，它犯了一个什么错误呢？在错误的地方寻找它所要的东西。有些员工不是在认真工作中寻找公司的重用，而是完全寄希望于投机取巧；有些员工则是以应付的态度对待工作，却希望得到老板的赏识，得不到就埋怨老板不能慧眼识英雄，或慨叹命运之不公。其实，他们缺乏的就是认真的态度。

当初你的老板不重视你，是因为你工作不认真，又不努力学习；而后你痛下苦功，担当的任务多了，能力也加强了，当然会令他对你刮目相看。多么实在的话，你不是缺少能力，而是不懂得用认真的态度去发挥你的能力。每一个人都是一块金子，只是外面包裹了一层沙土。那个慧眼不是别人的，而是我们自己的。用认真的态度对待工作，就是挖掘自己。

并不是每一个工作都是我们喜欢做的，但是前面我们也说过，工作是必须做的，尤其是有些不起眼的工作。很多人一旦遇到老板让自己做一些不起眼的工作，就会觉得沮丧。沮丧起来或许就会玩忽职守，这样一来很容易出错。那么连最简单、最不起眼的工作都认真不起来，又怎么能做好重要的工作呢？所以，要认识到看起来不起眼的工作并不是不重要的工作，就像人穿衣服一样，因为只有美丽而贴身的内衣，才能将外表的华丽装扮更好地表现出来。所以，认真工作的前提就是重视你的工作。

另外，很多人不认真工作还有一个原因，他们因为缺乏自信不喜欢做自己要面对的工作。人们对待这样的工作，都是唯恐避之不及的态度。但是，工作总要有人来做，你也必须工作。既然择业的时候没有找到自己喜欢的工作，既来之，则安之，就不要再朝三暮四了。你必须为自己的选择负责，所以，认真工作就是你的责任。

又或者，老板派给你一个非常不起眼，也不可能出风头，无法表功的工作，你非常不乐意。假如你表示愿意自动自发地去做这样的工作呢？这不但能赢得同事的尊敬，更能得到老板的器重。有时还会让老板对你心存感激："这可多亏了你的一肩挑起！"没有哪一个工作是白做的，我们工作中的每一件事，只要我们认真做，都能从中受益。

每个老板都喜欢做事认真的员工，做事认真就是敬业。一个认真的员工，他不会丢弃自己的工作而去做私人的事情，他不会把老板交代的事情应付了事，他会做好每一个细节，力求完美。企业需要这样的员工，认真的人值得尊敬！

13

扬圣章

[原文]

君德圣明，忠臣以荣，君德不足，忠臣以辱。不足则补之，圣明则扬之，古之道也。是以虞有德，皋陶歌之，文王之道，周公颂之，宣王中兴，吉甫诵之。故君子，臣于盛明之时，必扬之，盛德流满天下，传于后代，其忠矣夫。

[注释]

臣：役使，为臣。

是以：因此。

[译文]

君主道德高尚，圣哲明智，作为忠臣的自然深感荣幸；君主品德不高，作为忠臣的则会感到委屈。对于才德不足的君主，忠臣们应该设法弥补完善；对于圣哲明智的君主，忠臣们应该设法加以弘扬，这是自古以来的做法。所以，从前虞舜有圣明之德，他的大臣皋陶就用歌谣来赞美他的品行；周文王治理有方，周公就写诗来赞扬他；周宣王时国家中兴，尹吉甫以诗咏唱。所以君子们在盛世时为臣，一定会设法去弘扬、赞美他们的君王，使君王的盛德美名誉满天下，并为后代传扬。这才是真正的忠道啊！

[现代管理启示]

为荣誉工作

荣誉就是比黄金更有价值的东西。一位伟人曾经说过：如果你拥有荣誉，你就可以获取你想要的财富；相反，一个拥有财富却失去荣誉的人，不仅不可能再获得财富，连已经获得的财富也会失去。可见，拥有荣誉至关重要。

在著名的美国西点军校的教育中，从学员踏入校园到毕业离校，荣誉教育始终处于优先的地位。责任、荣誉、国家，是西点军校闻名于世的校训。在其22条军规中，荣誉原则就被列为其中一项，西点学员将荣誉看得至高无上。

在很多人看来不可理解的是，西点军校要求每位学员必须熟记所有的军阶、徽章、肩章、奖章的样式和区别，记住它们所代表的意义，从而使学员感到自豪。这样的训练和要求看似毫无道理，但却在潜移默化中培养了学员们的荣誉感。西点军校的荣誉教育使人追求完美，荣誉感促使每位西点毕业生，将竭尽全力为国家效力。

和西点军校一样，每个企业也如同一个部队。在商场上取得胜利，要让企业生存发展下去，就需要每一个员工来捍卫企业的荣誉。

为荣誉而工作，当然不是一味地蛮干。只有最优秀的企业，才有存在、发展的价值，只有服务于社会，才会获得社会给予的荣誉。荣誉来自忠诚，为荣誉而工作，就是即使在最底层的工作环境中仍然努力工作，让企业优秀起来，与企业一同分享胜利的喜悦。

在日本，有一项极高的荣誉——"终生成就奖"。有一年，"终生成就奖"在日本全国千万人的瞩目当中，颁给了一个极为平凡的人物，他的名字叫清水龟之助。

清水龟之助是一名默默无闻的邮差，他每天的工作就是将各式各样的信件分送到每一个家庭。这样的工作平淡无奇，比起许多从事科技研究的专家学者们，清水龟之助的工作真可说是微不足道。

而清水龟之助之所以获得"终生成就奖"，主要的原因就在于他从事邮差工作前后二十五年的这一段期间内，从来没有过请假、迟到、早退等任何的缺勤状况。

在二十五年当中，清水龟之助的工作态度始终和他第一天上班时的做法一致。不管狂风暴雨、严寒酷暑，甚至连数次日本大地震灾难当中，清水龟之助总是能够准确无误地将信件交到收件人的手上。

清水龟之助表示，只要一想起那种令他感动的神情，即使再恶劣的天气、再危险的状况，也无法阻止他一定要将信件送达收件人手中的强大决心。这正是清水龟之助完成这项工作的真正动力。

是什么样的力量，让清水龟之助能够不辞辛苦、持之以恒地将一件极其平凡的工作，做得如此出色呢？或许我们从清水龟之助的获奖感言中，可以找到答案。

清水龟之助不善言辞，他的获奖感言只有极简单的陈述。他木讷地告诉所有的人，他之所以能够二十五年如一日地做好邮差的工作，主要是他喜欢看到人们收到远方亲友捎来的信件时，脸上洋溢出那种无比喜悦的表情。

对于大多数人来说，邮差只是一份枯燥乏味、又苦又累的工作；对于少数人来说，邮差是一个让人喜欢的职业；而对像清水龟之助这样的人来说，送信是一种快乐、一种使命、一种荣誉，而这种荣誉，来自他对工作的责任感，对工作的忠诚。

无论做什么工作，必须竭尽全力，因为它决定一个人日后事业上的成败。一个人一旦领悟了全力以赴地工作能消除工作辛劳这一秘诀，他就掌握了打开成功之门的钥匙。能处处以主动尽职的态度工作，即使从事最平庸的工作也能增添个人的荣耀。

认真维护荣誉，对忠诚者来说是最基本的要求，也是最重要的要求。维护荣誉，它给了每一个人实现忠诚的机会，它也给了每一个想成为忠诚之人一种激励：认真地履行你的职责吧！通过它，实现你心中最大的愿望——忠诚！

一旦你加入了某个团队或公司时，你的命运就和公司、团队的命运紧密地联系在了一起，公司、团队的兴衰荣辱也就是你的兴衰荣辱。当公司陷入困境时，强烈荣誉感的驱使，你就会感到责任重大，并为扭转公司形势而竭尽全力。当公司兴旺发达时，你就会因为自己曾经所做出的贡献而有巨大的成就感和荣誉感。同时，公司、团队也会为拥有像你这样优秀的、忠诚的员工而自豪，你也会为与这样伟大的公司合作而光荣。而当公司的所有员工都有这样的信念的时候，你所服务的公司才会长久发展下去，你也会在这样的公司氛围中实现自己的理想、成就自己的事业。

迪士尼早年希望成为一名画家。一天他到报社找工作，总编一看他的作品就说不行，说他毫无作画的天赋，他只好垂头丧气地回家了。后来，他好不容易找到一个在教会中绘图的工作。因没有办公室，他就在父亲的车库里工作。有只小老鼠在车库里穿来穿去。日复一日，小老鼠变得很亲近他，完全爬到画报上去。后来他将这个构思告诉了他的好朋友们。这个提议得到了他朋友们的一致支持。不久，迪士尼的朋友们纷纷辞职，加入了他的设计组，经过不断合作，集思广益，迪士尼团队获得了巨大的成功。这只小白鼠就是后来成为影星"米老鼠"的原型。之后，迪士尼全心全意投入到电影的构思之中。一天，他提出了一个构想，把一则寓言故事改编成电影，那就是三只小猪与野狼的故事。助手们都不赞成，只好取消。可迪士尼却一直无法忘怀，他屡次提出，却一再地被否定掉。但他抱着一种无与伦比的热情，不断地提出，最后大家答应姑且一试，他的团队成员们尽最大努力帮他完成了这部电影。《米老鼠》制版用了90天，而《三只小猪》只用了60天就完成了；剧场的工作人员都没想到，该片受到美国人的喜爱和一致好评。

如果一个人工作的目的仅仅是为了薪水，那么他永远都不可能成功。只为薪水而工作是一种短视的行为，到最后受伤害的不是别人，只能是自己。所以，当你工作的时候，你要告诉自己，你是在为自己现在和将来的发展打基础，而不只是为了薪水。宝贵的经验、良好的人际关系、积极的工作心态和高尚的人格，这些不是用金钱可以衡量的，它们的价值远远超过了你现在所积累的货币资产，是你最雄厚的生存资本。为荣誉工作才会走上成功之路，为荣誉工作才会有美好的未来。

为荣誉而工作，就是自动自发争取做得更多，老板没有说的事情你也要抢着做，绝不是老板不在你就不做事或消极做事，并且不愿为错事承担责任，总是去找借口；为荣誉而工作，就是全力以赴，不讲借口，满腔热情地做事，而不是敷衍了事，懒懒散散地做事；为荣誉而工作，就是自动自发，完美地履行自己的职责，而不是消极被动地履行自己的职责。让努力成为一种习惯。努力工作，忠诚于企业，在捍卫企业荣誉的同时，也树立了你自己的荣誉。你会受到众人的尊敬，众人会把最高的荣誉给你。

视工作为天职

一个整天不工作无所事事的人，就如同生活在地狱。工作是上天赋予我们的使命。每个人生来就要各就各位，努力尽责并扮演好自己的角色，把自己喜欢的并且乐在其中的事情当成使命来做，才能发掘自己特有的能力，并顺利完成一份共同的责任。

对于每个人来说，上天给了我们一个生命，一个身体，同时也给了我们很多天分，我们要用这些天分去做很多应该做的事情。这就是说，工作是我们的天职。把工作视为天职的人，才能敬业。

有一个体格健全的年轻人，他不想工作，甚至有些讨厌工作，但他却想过一种衣食无忧逍遥自在的生活。

于是，这个年轻人向上帝跪拜道："我不喜欢工作，但我想过富裕的生活，有好衣服穿，有好饭菜吃，有好房子住，希望主能赐给我这一切。"

上帝说："好啊！我带你去一个地方，那里不仅有好吃的，有好衣服穿，有好房子住，而且还不让你工作！"

年轻人听后，非常高兴地说："好啊！我非常愿意去，我现在就要去！"

上帝说："可怜的孩子，闭上自己的眼睛，你现在就去吧！"

一眨眼工夫，这个年轻人来到一个非常华丽的宫殿里，他看到许多和自己一样的年轻人很舒适地躺在各自的床上。这些人对他的到来好像什么也没有看见，他们只是目光呆滞地看了看他。

接下来，他就过着自己所期望的那种生活——每天除了吃很多丰盛的饭菜，就是睡觉。这个年轻人对就这样生活非常满意。

刚开始几天，这个年轻人非常开心，并沉醉于这样的生活。后来，慢慢地，他厌倦了这种生活。

到了第100天的时候，这个年轻人再也无法忍受这种悠闲的生活，他想起了自己以前工作时快乐的情景，他想起了自己以前工作给他带来的满足。他越想过去的那种快乐，对自己目前的生活越是无法忍受。于是，他很生气地对上帝说："过这种生活，简直还不如下地狱！"

上帝很慈祥地说："可怜的孩子，这里就是地狱呀，你还以为是天堂吗？"

一个讨厌工作的人，是不可能找到工作中的乐趣的。所以，要热爱我们的工作，把工作看成一项神圣的天职，并对此怀着浓厚深切的兴趣。这种状态能有效鼓舞和激励我们对所着手的工作采取积极的行动。

美国微软公司总裁比尔·盖茨说："本质上来看，工作不是一个关于做什么工作和得到什么薪酬的问题，而是一个关乎生存的问题。"工作就是一个人奉献自我，因为员工失去了工作就失去了生活来源。但是如果仅仅认识在这个层面上，那就只能一辈子为温饱而过了。工作还有一个属性，就是要求你做到卓越。拿破仑说过不想当将军的士兵不是好士兵。每个人都有自己的价值，但不是每一个人都有机会将自己的价值完全体现出来。这对很多人来说是一种悲剧，人的一生碌碌无为，到死的那天准会懊悔不已。因此，你的工作除了应付生存外，更要做得完美、极致，这不是为老板而工作，这是为你自己的价值能够得到展现而工作。

白求恩大夫之所以能在战场视死如归，就因为他把医生这个职业当成是他对生命的承诺，当成是他人生价值的最高体现。当然，我们不是伟人，更多的是为生活而奔波努力的普通人。然而，如果我们对工作有"天职感"，也就在工作中注入了心血和热忱。工作没有高低贵贱之分，不要以为穿着破烂的农民工在工地上干的工作低贱，城市高楼大厦里西装革履的经理人在办公室做的工作就高尚。只要我们对工作满怀热忱，竭尽全力，它就具有一种至高无上的神圣感。一个认真在工地上搬砖的建筑工人，比一个在办公室里玩CS的经理人要高尚很多。因为重视，因为热忱，才使我们的工作成为一项快乐而高尚的职业。

许多公司的老板说，他们把任务交给员工的时候，员工总会提出一堆问题，很多人宁愿保持平庸的现状。如果你下定决心要成功，你就必须保证自己行走在成功的路上。你可以选择"做一天和尚撞一天钟"的生活，也可以追求一种完美的生活。

家具销售公司的经理吩咐三个员工去做同一件事：去供货商那里调查一下家具的数量、价格和品质。第一个员工5分钟后就回来了，他并没有亲自去调查，而是向下属打听了一下供货商的情况就回来作汇报。30分钟后，第二个员工回来汇报。他亲自到供货商那里了解了家具的数量、价格和品质。第三个员工90分钟后才回来汇报，原来他不但亲自到供货商那里了解家具的数量、价格和品质，而且根据公司的采购需求，将供货商那里最有价值的商品作了详细记录。在返途中，他还去了另外两家供货商那里了解家具的商业信息，将三家供货商的情况详细比较制定出了最佳购买方案。

前面两位只能算是被动听命，真正尽职尽责行事的只有第三个人。简单地想一想，如果你是老板，你会雇用哪一个？你会赏识哪一个？如果要加薪、提升，作为老板的你愿意把机会留给谁？尽职尽责还需要持之以恒。功亏一篑的事情在这个世界上太多了。比如,开水烧到99度,你想差不多了,不用再烧。很抱歉,你永远喝不到开水,百分之九十九的努力等于零。无论做什么工作,都要能沉下心来,脚踏实地地去做。

14

辨忠章

[原文]

大哉！忠之为道也，施之于迩，则可以保家邦，施之于远，则可以极天地。故明王为国，必先辨忠。君子之言，忠而不佞；小人之言，佞而似忠，而非闻之者，鲜不惑矣。忠而能仁，则国德彰；忠而能智，则国政举；忠而能勇，则国难清，故虽有其能，必曰忠而成也。仁而不忠，则私其恩；智而不忠，则文其诈；勇而不忠，则易其乱，是虽有其能，以不忠而败也。此三者，不可不辨也。《书》云："旌别淑慝。"其是谓乎。

[注释]

迩：近。

明王：英明的君王。

旌别淑慝：识别好坏。旌别，识别。淑，好。慝，坏。

[译文]

忠道的作用是多么的伟大啊！从眼前来看，它可以保家卫国；从长远来看，它可以通天达地。所以圣明君主治理国家，首要的事情是分辨忠奸之人。忠良之人所说的话，忠直而不巧言取宠，并且值得信赖；奸佞小人所说的话，虽貌似忠直但事实上并非如此，都是欺人之谈，然而听到这些话的人还很少没有不被迷惑的。任用那些既忠信又仁慈的人，国家的德业就会得到彰显；任用那些恪守忠信而又富有才干的人，国家的政令一定会得到实施；任用那些既忠贞而又果断英勇的人，就一定能平定国难。所以说，一个人即使具备了各方面的才能，但一定还要讲求忠道才能真正成就大事。如果他懂仁义而不忠诚，就会因私利去偏袒那些对他有恩的人；如果他有才智却缺乏忠信，就会善于利用自己的才智来掩盖自己的欺诈行为；如果英勇无畏却不讲忠道，那就会轻易作乱。这些都足以说明，再有才干，不讲忠道，就会招致失败。这三个方面，不可不辨别清楚。《尚书》上说："识别好的和坏的吧！"大概就是讲的这个道理。

[现代管理启示]

忠诚胜于能力

有的人认为，在老板眼里，能力是第一位的。实际上，他们并不知道，仅仅有能力远远不够，只有忠诚，才是决定你在公司里真正地位的关键因素。

老板在用人时不仅仅看重个人能力，更看重个人品质，而品质中最关键的就是忠诚度。在当今社会，并不缺乏有能力的人，那种既有能力又忠诚的人才是每一个企业理想的人才。老板宁愿信任一个能力差一些却足够忠诚敬业的人，而不愿重用一个朝三暮四、视忠诚为无物的人，哪怕他能力非常出众。如果你希望得到老板的赏识，得到升迁的机会，最重要的一条就是你必须忠诚于你的老板。你忠诚地对待你的老板，你的老板也会真诚对待你；当你的敬业精神增加一分，别人对你的尊敬也会增加一分。不管你的能力如何，只要你真正表现出对公司足够的忠诚，你就能赢得老板的信赖。老板就会放心地把最重要的事情交给你去做，你也会成为老板不可或缺的人才。

在一所有名的高校中有两个学生田可新和施德明，他们是好朋友。田可新成绩在中等或中等偏下，没有特殊的天分，只是性格诚实、安分守己。而施德明性格活跃，成绩突出。老师们都认为田可新毕业后应该会有一份稳定的工作，不爱出风头，默默地奉献，不会有太突出的成就;而施德明毕业后可能会按自己的想法做事，最终做出一番事业来。

毕业几年，田可新在一家公司上班，忠于职守，做事踏实，进步很快，不久就从普通职员升为主管，在接下来的几年中又从主管升为公司副总。几年后田可新带着成功的事业回学校来看老师了。而本来被认为会有一番事业的施德明，毕业后在一家企业工作，自以为是名校高才生，不满足于在这样的小企业上班，总想着有更好的发展，于是不断地跳槽、换工作。这样不停地换了几年，依然一事无成。

成功与学校的成绩好坏可以说并没有联系，但一定和踏实\稳健的性格密切相关。踏实、稳健的人才会对自己有一种要求，会比别人更加勤奋去工作，那么上帝的幸运之手自然会偏向这些人，成功也会随之而来。一个人虽然在底层，但是只要他勤奋刻苦与忠诚敬业，成功之门迟早会为他开启。

一个人如果有了忠于职守的习惯，不断自我努力学习，并积极为一技之长下功夫，那么成功就变得容易起来。

在一项对世界1000家企业的调查中，当问到"你们最青睐什么样的员工"时，85%的回答是"忠诚"。在这样一个人才高流动的社会，人人都在追求个性张扬，追求自由平等，追求个人利益，结果，大家却忽视了对企业利益的维护，很少考虑自己的行为是否对企业产生不利的影响，结果，给企业带来了一定的损失。因此，企业家十分看重员工的忠诚度，而不是员工的能力，这是一种必然的趋势。

在任何企业里都存在一个无形的同心圆，圆心是老板，圆心周围是忠诚于企业、忠诚于老板、忠诚于职业的员工。古代离皇帝越近的人，往往是最忠诚的卫士，如皇帝的近卫军，而不会是位高权重的宰相。好像很多高层管理者天天和老板打交道，老板未必视之为自己人，这就说明有时候忠诚要比能力更能体现自己在老板心中的价值。很显然，越靠近"同心圆"圆心的人，越可能获得稳定的职业和稳定的回报。

缺乏忠诚，哪怕再有能力的人都会失去价值。比如《三国演义》中的魏延，虽然能力高强，但一旦没有了用处，就落得身首异处的下场。虽然只有忠诚而无能力的员工也许机会不多；但只有能力没有忠诚的人一定不会得到老板的赏识。

老板的选择是很有战略眼光的。员工的卓越能力、渊博的知识确实是每个企业非常需要的，但是，如果这样的员工不愿意将自己的才华投入到工作中，而是用到了耍小聪明、怎样能够为自己获得更大利益上，甚至个别人在掌握了企业核心技术、窃取了重大商业秘密后，跑到其他竞争对手那去了，这样的员工，能力越强对企业的威胁就越大。

忠诚度的缺失不仅使企业深受其害，而且对员工自己的损失也是不可估量的。因为不管是个人资源的积累，还是由此造成的"吃着碗里看着锅里"的坏习惯，都大大降低了员工的价值。这类人不明白自己真正需要的是什么，摆不正自己的位置，从而错误估计了现状。在这种情况下，背叛自己的公司和老板，对自己的发展是非常有害的。

忠诚的员工，也许在学历、能力方面不如人，但仍能够得到老板的器重与培养，因为能力易改，本性难移；而面对那些朝三暮四的人，随心所欲换工作，随便出卖公司利益，即使他的能力出类拔萃，也不可能得到老板的赏识和重用。当没有用处之时很可能被公司抛弃。因为，公司在运营过程中，要用大智慧来做大决策的大事毕竟很少，而要脚踏实地平凡、务实去进行的小事却特别多。少数人的成功可能靠的是智慧和能力，因此最终决定老板青睐的是忠诚和敬业。

有一个在企业里兢兢业业工作了十年的老技术员意外地被要求待岗。在最初的日子里，他心情异常烦躁，他觉得自己真的好委屈。并且这些天，他一连接到好几个奇怪的电话。电话里的人自称是他原来上班的那家企业的竞争对手，希望他能提供一些原企业的机密，作为回报，可以给他提供一份薪水很高的工作或是给他100万元。

第一次接到电话时，他就断然拒绝了。第二天，那个电话将报酬提高到200万元，他还是拒绝了。

"那家公司已经让你待岗了，下一步很可能就是辞退你，你辛苦工作十年，得到的却是这样的回报，你有必要还为对你忘恩负义的企业死守机密吗？你这样做对自己没有任何好处！"电话里的那个人气愤地说。

"很抱歉，无论如何我都不会那么做！这是我的做人原则，即使我已经离开了这家企业。"他坚定地说。

当第三个电话打来时，他正在为找工作四处奔波，因为一家老小全靠他来养活，他工作没了，家庭开支就成问题了。而这时，电话里的那个人开的价已高达500万元。但他还是毫不犹豫地拒绝了。

第二天，他很意外地被通知去上班，老总把代表企业最高荣誉的奖章——忠诚奖章发给了他，同时，老总还给他一份聘书，聘任他为技术开发部经理。

原来这三个电话不过是聘任前的一项考察而已。

你在面对这样的事情的时候，会怎么做？你在工作中是否做到了忠诚？忠诚是一种很重要的品质。一般忠诚的人会得到重用，即使这个人能力差点，用人单位也不会去选择重用一个有能力而朝三暮四的员工。这一点，你一定要明白。

总之，对于一个员工而言，要牢记忠诚度第一，能力第二。忠诚度决定作用力的方向，能力决定作用力的大小，忠诚度也决定着你的未来。

把工作当成事业

众所周知，除了少数天才，大多数人的禀赋都相差无几。为什么有的人在职场上能做出成绩，而有的人却一直碌碌无为呢？根本的原因在于对工作的态度，是把工作当作混饭吃呢，还是当作一生的事业去做？把工作当作事业的员工，工作就一定会具有使命感而去投入，投入就会使你充满热情，而热情将会使你追求卓越。一个员工一定要自动自发地完成工作，因为你在为自己的价值得到别人承认而工作。

一位哲人说过：如果一个人能够把工作当成事业来做，那么他就成功了一半。为什么要这样说呢？因为同一件事，对于视工作为事业者来说，意味着执着追求力求完美；而对于视工作为谋生手段者而言，则意味着出于无奈不得已而为之。执着追求比不得已而为之的效果肯定要好很多。

那么，工作和事业有什么区别呢？工作，指个人在社会中所从事的作为主要生活来源的一项活动。事业，指人所从事的具有一定目标、规模和系统，对社会发展有影响的经常活动。一般来说，事业应该是终生的，而工作则是阶段性的。工作往往是对一定规范的认同，比如自己从事了某项活动，获得了一定的薪金，伦理规范就要求他尽心尽力完成相应的职责，如此才能对得起自己所获得的报酬。事业则应该是自觉的，是由奋斗目标和进取之心促成的，是愿为之付出毕生精力去奉献的一种"工作"。可以说，工作包含在事业当中。如果把工作当成事业，这种自觉性和进取心会促使你把工作做到完美。

曾在一家大型跨国公司做销售经理的杰克，3年来一直处理日常事务，与形形色色的客户的应酬度过每一天。现在，他的下属通过自学拿到了斯坦福大学的管理硕士学位，学历比他高，能力比他强。在数年的商战中获得了丰富的经验，羽翼日渐丰满，销售业绩惊人。在公司最近的外贸洽谈会上，他以出色的表现，令一个眼光很高、很挑剔的大客户大为赞叹，也赢得了总裁青睐，委以经理重任，杰克先生则惨遭淘汰。

U.里·杰林斯先生是美国电子协会的副主席，他始终知道自己要做什么，很早他就打算进入电子领域，他先是考取了经济学硕士，然后再去一家小公司充电，如愿以偿进了通用电气后，他发现大公司里的领导善于一只眼忙工作，一只眼看世界。他开始关注世界形势和宏观经济局面，对老板分配的任务他总是及时完成，他的好学得到了老板的赏识，并得到升职的嘉奖。

他们的成功秘诀：他们每提升到一个新职位时，从不把薪水的多少放在心上，他们注意的是与旧职业相比较，新职位是否有更大的前途，尤其是否对能力提高有帮助。把工作当成事业，抱着极大的热情。

比尔·盖茨说：“如果只把工作当作一件差事，或者只将目光停留在工作本身，那么即使是从事你最喜欢的工作，你依然无法持久地保持对工作的激情。但如果把工作当作一项事业来看待，情况就会完全不同。”把工作当成事业，不管什么职位，你都应竭尽全力做到优秀。这样的员工立足现实，从不妄想一跃成功。他们会保持乐观愉悦的心情，努力做事，积极进取，力求精益求精。

我们常常看到一种"有趣"的现象：有的人即使天天都在加班，经常熬更守夜也不叫苦，而且还会乐此不疲。这是因为他们工作时充满了热情。热情是一种难能可贵的品质。一个热情的人，无论做什么，是干清洁工，或者是当公司经理，都会认为自己的工作是项神圣的天职，并怀有浓厚的兴趣。对事业倾注全部热情的人，不论工作有多少困难，或需要多大的努力，始终会用不急不躁的态度去进行。爱默生说过："有史以来，没有任何一件伟大的事业不是因为热情而成功的。"这不是一段单纯而美丽的话语，而是迈向成功之路的向导。然而，就有很多人不由自主地埋怨、叫苦。关键是这些人没有把工作当成自己的乐趣，当成自己的事业。

有句话这样说："一个人把工作当成是职业，他会全力应付；一个人把工作当成是事业，他会全力以赴。"没有把工作当成事业，只当作谋生的手段，得过且过，每到月底或月初拿那么一点点的薪水。应付工作的人，说不定连最基本的生存都保证不了，何谈实现人生目标！

大部分的人走进社会，认为做事都是为了老板，你出钱我出力，本该如此。其实不然，我们的工作是为了自己，因为我们可以从工作中学到比别人多的经验，而这些经验是使你向上发展的踏脚石，就算你以后不从事此行业，你的工作方法也必会为你带来助力。因此，如果你能像老板那样以敬业的心态对待工作，那么无论你从事任何行业都容易取得成功。

有这样一个故事，当美西战争爆发后，美国总统必须尽快与西班牙的反抗军首领加西亚取得联系，以此获得他的合作。但没有人知道加西亚具体在哪里，只知道他在古巴的丛林里。有人对总统说："有一个叫罗文的人有办法找到加西亚——也只有他才找得到。"

于是，这位名叫罗文的人得到了一封特殊的信。信之所以特殊，只是相对于大多数人而言，因为此信除了指定了要找的加西亚，再无其他可依据的投寄方位。罗文的脑海中一定也会瞬间浮现一个疑问："他在什么地方？"但是他没有问，而是毅然慎重地把信装进一个油纸袋里，带在胸口，如勇士般默默踏上寻找加西亚的地方。罗文认为自己的任务便是把信送给加西亚！

这是发生在100多年前的一个故事，故事的名字叫《致加西亚的信》。故事的结局是：在3个星期后，加西亚从罗文手上接过了这封信。16个企业管理者在读完这个故事后，都会问：我的公司里谁能把信带给加西亚？

把工作当成事业，你会时刻保持热情。作家拉夫尔·爱默生说过："激情像糨糊一样，可让你在艰难困苦的场合里紧紧地把自己粘在这里，坚持到底。它是在别人说你'不行'时，能在内心里发出'我行'的有力声音。"这种对人生目标的激情，会产生巨大的力量，使得我们对工作怀有崇高的责任感。那么，等待你的就是事业上的成功！

15

忠谏章

[原文]

忠臣之事君也,莫先于谏,下能言之,上能听之,则王道光矣。谏于未形者,上也;谏于已彰者,次也;谏于既行者,下也。违而不谏,则非忠臣。夫谏,始于顺辞,中于抗义,终于死节,以成君休,以宁社稷。《书》云:"木从绳则正,后从谏则圣。"

[注释]

未形:错误的尚未发生。

已彰:错误的已经出现。

既行:错误已经造成。

"木从绳则正"二句:木依绳墨砍削就会正直,帝王依从谏言行事就会圣明。从,依从。后,君王。

[译文]

忠良之臣侍奉君主,最首要的莫过于诤谏。臣子能大胆向君主直言进谏,君王也能积极听取采纳,那么帝王之道就前途光明了。在臣子对帝王诤谏时,最好能在事情或过失尚未发生之前直言进谏,使缺点、错误消失在萌芽状态,这种进谏方式属于上等;事情或过失已经出现、发生了,再向帝王直言进谏,这种进谏方式属于次等;事情或错误已经造成不良后果了,再向帝王直言进谏,这种进谏方式属于下等。至于帝王们已经犯了过失,有悖常理,臣子却不去谏诤,那就不能算作忠良之臣了。忠臣谏诤最好的方式是用可以让帝王顺心可意之辞去劝说,以便让他能够愉悦地接受。如果这样不能被接受的话,就用据理力争的办法去争取。这样帝王仍然对所言不能听取采纳,最后的办法就是以死相谏了。通过以上方式成就帝王的善举，从而保证国家的安宁祥和。《尚书》上说："木依绳墨砍削就会正直，帝王依从谏言行事就会圣明。"

[现代管理启示]

忠诚不是愚忠

在企业里，很多员工跟在老板后头唯唯诺诺，老板说向东他就向东，老板说向西他就向西，从来没有自己的想法，即使有也不敢说出来。有时，明明老板的想法或者做法是错误的，会造成严重的后果，他们还是不折不扣地执行。这些人就是典型的愚忠，他们对忠诚的理解过于偏激和绝对，认为忠诚就是一切都听老板的，不管什么情况都不可以持反对意见。如果你忠诚于你的工作，就要全身心地投入到工作中去。

忠诚不是愚忠，愚忠更不应该成为掩盖自己无能的借口。你忠于国家，就应该努力提高自己的综合素质，为国家做贡献；你忠于老板，就应该提高自己的技能，为老板创造价值。

任何事都有一定的尺度，要不然就会过犹不及，反受其害。忠诚的极致是愚忠。人与人之间的关系是相对的，是相对的忠诚。要求一个人对另外一个人忠诚，首先做出要求的人自己要忠诚。就是说忠诚只能是相对的，而不是绝对的。

任何事情都是双向的，企业有选择员工的权利，相应地，每个员工也有挑剔企业的权利，任何人在为企业效力的时候，一定要记住这同时也是在为自己的未来做铺垫。

当然，你如果认为自己现在所在的企业不能实现自己的价值目标，你就应该大胆地离开，因为人的生命是有限的，所谓良禽择木而栖就是这样的道理。但如果你选择离开应该有职业道德，首先，不要在社会上到处宣扬现在公司的不是，因为这不仅会损害公司的形象，也会使你自己的形象大打折扣，得不偿失。其次，你要对公司的秘密严格保守，做一个道德高尚的人。最后，你要为接自己班的同事耐心仔细交代本工作的事项，千万不要一走了之。这里不是鼓励大家跳槽，也不是鼓励大家对企业做出不忠诚的事来，而是告诉大家要有正确的判断，你不适合在这个企业工作，就要下决心离开，否则对自己的未来发展是非常有害的。

在现实生活中，把愚忠当作忠诚的人还真不少。在他们看来忠诚就是对老板尽忠，认为忠诚于老板就是绝对听老板的话，不论老板的话对错与否。在企业里，很多员工在老板面前点头哈腰、唯唯诺诺，无论老板说什么，他们都会随声附和，哪怕他们心中明知老板是错的，也没胆量说老板是错的，还称赞老板伟大、英明。他们愚蠢地以为，只要和老板的论调保持一致就是忠诚，完全听老板的话就是忠诚。更有人把忠诚与拍马屁混为一谈。有时候，人们为了表示自己的忠诚，经常做出一些阿谀奉承的事来讨老板喜欢，凡事都只图让老板开心。

多克先生是德国一家大企业的总裁，他曾经亲自招聘过一位项目部经理。当时，经过多项测试考察，为数不多的几个人幸运地进入了最后的复试阶段。这次，是多克先生亲自主持的面试，他称此关主要是考察应聘者的勇气和忠诚度。在企业的休息室里，面试者被一个接一个叫去应考。第一位被叫进多克先生办公室的男士满怀信心地接受考察。他被带到一个房间，多克问："我们为了考察你的忠诚，你是否愿意为获得这份工作而待在这个房间里两天两夜不吃不喝？"面试者毫不犹豫地回答："我愿意！"于是，他就真的待在那个房间里。然而，两小时后，多克却告知他可以回家，他被淘汰了。

第二位被叫进去的男士也满怀信心。他被带到了另一间屋子前，多克先生对他说："房间里有一张表格，你去把它拿出来，填好后交给我。不过，要用你的脑袋把门撞开。"这位男士心想：既然总裁要考察的是勇气，那么绝不能在总裁面前表现出软弱来。于是，他不由分说地用头撞门，头已经破了门还没被撞开。多克见状，赶紧说："好了，你回去等候通知吧。"

一个接一个的"勇士"被带到了多克先生的办公室，可是，他们谁也没有得到多克先生明确录用的回答。

最后一位面试者被带到了多克先生的办公室。多克先生对他说："现在办公室就我们两个人，旁边桌子上的水杯是我公司一个副总的，最近他总是让我不畅快，我给你一包泻药，你去投到他杯子里。""什么？你居然要我做这种事？这是不道德的！"那个男士本能地反应道。"我是这里的老板，你得服从我的命令。"多克先生毫不客气地吼道。"这样的命令毫无道理，你简直是个疯子，这份工作我不要了。"那个男士想也没想就回答道。多克先生没有说什么，又先后提出了前面面试时的不合理要求，但他的要求都遭到了这位男士的严厉拒绝。最后，这位男士非常气愤，准备立即离开。这时，多克先生极力挽留他，并向众人宣布，这位男士被正式聘用了。多克先生解释道："真正的勇士是敢于坚持正义和真理而不畏强权的人，真正的忠诚不是一味听上司的话，而要敢于纠正上司的错误，以免造成不必要的损失。"

电视剧《大宅门》中有一个情节令人难忘：白景琦对他宴请的朋友们说，他的一个仆人很能吃包子，接下来，这个仆人为了不给主人丢脸，当着客人的面一口气吃下了几十个大包子。让人想不到的是，为了主人的一个笑脸，他竟被撑死了。不惜为主子献出生命，这仆人的忠诚无人能比。白景琦在痛心的同时，内心也潜藏着一丝骄傲——他能用自己的权威与人格魅力赢得手下人的忠心，这种忠心比"日进斗金"更能让他感到自己的成功与人生价值。

这就是典型的愚忠，殊不知像白景琦这样的仆人的死是没有任何价值的，还会给主人带来麻烦。这种现象在企业里滋生与蔓延的结果是，领导者将那些真真假假的崇拜者视为忠诚企业的好员工，反之就是"不忠"或不符合企业文化的要求。实际上，这样的企业老板或经理人根本不能得到忠诚的员工，在他们周围只会是唯唯诺诺的奴隶，要不就是阿谀献媚的投机者。

任何一个明智的老板，都会像白景琦那样，抛弃那些不顾正义一味效忠的人。

真正的忠诚，不仅仅是听老板的话，更不是放弃自己的个性和主见。但是，如果不仔细分析恐怕会让人陷入一种误区：认为忠诚就是无条件地服从。很显然这种认识是错误的。"忠诚不是愚忠，服从不是盲从"，如果硬要把愚忠等同于忠诚，那么必定会产生与预期相反的结果。任何一个明智的老板，都会抛弃那些不讲正义、不讲原则，只是一味愚忠的人。忠诚是一种真心待人、忠诚于人、勤于做事的乐于奉献情操，它发自内心，而绝非虚伪做作。忠诚是神圣的，但绝对不要随便对一个企业滥用忠诚。如果你不打算忠诚于一个你不热爱的企业，你就应该离开它；如果你忠诚于一个企业，就不要轻言离开它。

在职场，忠诚是一种职业素养，是个人的职业灵魂！忠诚既是企业的需要，也是老板的需要，但更是你的需要，它是你在这个社会上生存的武器。忠诚可以让你获取更多的机会。

我们所说的服从不是盲从，所讲的忠诚不是愚忠。对于一名员工来说，服从固然是种美德，但是必须清楚自己什么时候该服从，什么时候不该服从，该服从的时候听从命令，就是忠诚，不该服从的时候听从命令，就是愚忠。

敬业是员工的基本素养

敬业是一种十分可贵的精神，是一个人对自己所从事的工作负责与否的态度。到了现代，也是每一个企业提倡的优秀品质。一个优秀的企业，肯定会有敬业的员工。

所谓"敬业"，一方面指的是要敬重你的工作，另一方面是深入钻研探讨，力求精益求精。低层次来讲"拿人钱财，与人消灾"，敬业是为了对老板有个交代。而上升到一个高度来讲，就是要把工作当成自己的事业，要具备一定的使命感和道德感。不管从哪个层次来说，"敬业"所表现出来的就是认真负责，做事认真、一丝不苟，并且有始有终！

敬业是一种品质，不论社会环境如何变化，它应该是每个人所具有的，有了这种品质，就应去为之奋斗。敬业的精神是上天赋予你的，并不是公司赋予你的，就算你离开了所服务的公司，但是敬业精神还在。无论走到哪里，具有这种敬业精神的人都会是事业的中坚力量，都会是社会发展的推动力。

无数事实说明，敬业是锻炼能力、展现才华、做好工作、成就事业的重要前提和保证。敬业与强烈的责任心、事业感和无私奉献精神总是紧紧联系在一起的。敬业的员工有着强烈的事业心，把工作当成事业，并为之奋斗。敬业的员工有着强烈的责任心，他们把公司的事情当成自己的事情，有着主人翁的精神。而且，敬业的员工总是能够圆满完成任务，甚至超出自己的能力范围。

敬业的员工往往是公司里升职最快的，他们深受每个老板的青睐。

而今的市场经济条件下，竞争非常激烈，公司之间也是适者生存。有些公司随着市场规律的变化，以及可能是企业管理者经营不善，导致公司不景气。这时候，我们能看到两种员工。一种员工出现了各种消极情绪，对待工作开始漫不经心，对有损公司利益的事睁一只眼闭一只眼，布置的任务开始敷衍应付，请假休息成了家常便饭，加班的身影越来越少。另一种员工呢，他们反而更加努力地工作，承担起更大的压力和任务，始终把公司的利益放在第一位，从他们的说话中听不到对公司的抱怨，更多的是为公司摆脱困境提供一些建议，尽管有些建议公司没有采纳，但还是可以看到一种积极向上的精神。

为什么有两种不同员工？差别就在于敬业。一个员工敬业，不管是在哪一个职位上，哪怕是扫大街的，都能在自己的职位上做到优秀。这种敬业的员工，才是公司最需要的员工。

美国著名的石油大王洛克菲勒是一个惜时如金的人，但当他听说有一个员工不论走到哪儿，都毫不例外地把企业宣传到哪儿，不禁大感惊奇："再忙，如此忠诚敬业的人我也要见见他！"

那个人后来成了他的继任者，而"忠诚敬业"也成了最可爱的员工的重要准则！

一个员工能力再强，如果他不愿意付出，他就不能为企业创造价值。而一个愿意为企业全身心付出的员工，即使能力稍逊一筹，也能够创造出最大的价值。一个人是不是人才固然很关键，但最关键的还是这个人是不是一个敬业的员工。

这里有一个来自苏联的故事，20世纪50年代它被用来讴歌忠诚和敬业。

有位外科护士首次参与外科手术，在这次腹部手术中负责清点所用的医疗器具和材料，在手术就要结束时，这位护士对医生说："你只取出了十一个棉球，而刚才我们用了十二个，我们得找出余下的那一个。"医生却说："我已经把棉球全部取出来了，现在，我们来把切口缝好。"那位新护士坚决反对："医生，你不能这样做，请为病人着想。"医生眼里顿时闪出钦佩的光芒："你是一个合格的护士，你通过了这次特别的考试。"原来，精明的医生把第十二个棉球踩在了自己的脚下，当他看到新来的护士如此认真时，他高兴地抬起了脚，露出了那第十二个棉球。护士对病人忠诚，才会对自己的"岗位"敬业。

在很多公司里，上司要求员工做事情，即使三番五次地交代，有些员工根本不放在心上。还有一些员工，接到任务后不是消极应付就是推诿，"这事不该我负责""为什么不叫我去做""我的工作还没有做完"，有的人虽然嘴上没有说什么，但心里根本没有打算把工作做好。很多员工把工作任务抛到脑后，上司过问时才想起来，他们不反思自己，却满嘴的借口：我工作太忙了，都忙不过来了，工作条件不具备，时机还不成熟……这都是不敬业的表现。毫无疑问，这种员工不会得到老板的赏识和重用，这样的员工也必将被企业淘汰。

相反，有这样的员工，不论老板是否安排任务，自己都会主动促成业务的圆满完成；遇到问题后不会提出任何愚笨的、啰唆的问题；主动请缨，排除万难，为公司创造巨大业绩；在工作上所表现出来的是认真做事，一丝不苟，并且有始有终。这样的员工，是敬业的员工。

认真对待自己的岗位，对自己的岗位职责负责到底，无论在任何时候，都尊重自己岗位的职责，对自己岗位勤奋有加。爱岗敬业是人类社会最为普遍的奉献精神，它看似平凡，实则伟大。一份职业，一个工作岗位，都是一个人赖以生存和发展的基础保障。同时，一个工作岗位的存在，往往也是公司存在和发展的需要。爱岗敬业应是一种普遍的奉献精神。敬业的最大受益者其实是员工自己。敬业的员工，公司会为他花费更多的时间和金钱来培训。另外，敬业的人能从工作中学到比别人更多的经验，而这些经验便是你向上发展的踏脚石。就算你以后换了地方，从事不同的行业，你的敬业精神也必定会给你带来帮助。把敬业变成习惯的人，从事任何行业都容易成功！有的人却认为，自己做事情都是为了老板，为他人挣钱，公司亏了也不用自己承担。因此能混就混，甚至背后做一些不良之事。如此之员工，在公司里连基本的工资都很难赚到，何况那些宝贵的经验！

只有爱岗敬业的人，才会在自己的工作岗位上勤勤恳恳，不断地钻研学习，一丝不苟，精益求精，才有可能为社会、为国家做出崇高而伟大的奉献。焦裕禄、孔繁森、郑培民等一大批党和人民的好干部都是在本职工作岗位上呕心沥血，勤政为民；当非典疫情袭来，一大批平时并不引人注目的医生、护士和科研人员，挺身而出，冒着生命危险冲上第一线，拯救了一个个在死亡线上挣扎的同胞的生命，有人还为此献出了自己宝贵的生命。

爱岗敬业是平凡的奉献精神，因为它是每个人都可以做到的，而且应该具备的；爱岗敬业又是伟大的奉献精神，因为伟大出自平凡，没有平凡的爱岗敬业，就没有伟大的奉献。可以肯定的是，如果你养成了一种"不敬业"的坏习惯，做任何事情都是"随便做一做"敷衍了事，你让惰性占据你的心智，你的成就就会相当有限，你就不会成为一个在职场上受欢迎的人。

作为职场人士，我们没有理由不去理解什么是敬业精神、怎样去敬业的问题。主动敬业是一个人在职场中提升自己、拓展事业的前提，敬业精神所表现出来的积极主动、认真负责、一丝不苟的工作态度，是职场人士所应当而且必须具备的品质，是最佳工作业绩的有力保障。

因此，任何一个企业的发展都需要具有敬业精神的员工，同样，任何一个员工在企业中要想得到发展也离不开敬业精神。

16

证应章

[原文]

惟天鉴人，善恶必应。善莫大于作忠，恶莫大于不忠。忠则福禄至焉，不忠则刑罚加焉。君子守道，所以长守其休，小人不常，所以自陷其咎。休咎之徵也，不亦明哉？《书》云："作善降之百祥，作不善降之百殃。"

[注释]

守道：遵守忠道。

不常：违反常规。

咎：灾害，灾祸。

"作善降之百祥"二句：做善事的，就赐给他百福；做坏事的，就赐给他灾祸。

[译文]

上天时时刻刻监督着人们的所作所为，善有善报，恶有恶报，凡世间之人行善作恶都有报应。世上最大的善事莫过于奉行忠道，最大的恶行莫过于不忠。凡是奉行忠道之人，福禄自然就会来到身边；凡是所做不忠之事，就会有刑罚降到头上。君子能够遵守忠道，所以他能永保美善；奸邪之人由于常行不轨，所以往往陷入自己给自己带来的灾难、祸害之中。善恶吉凶的报应，不是十分明显吗？《尚书》上说："做善事的，就赐给他百福；做坏事的，就赐给他灾祸。"

[现代管理启示]

付出忠诚，才有回报

有人说，忠诚就意味着多付出，意味着会吃亏，因为忠诚的人都很敦厚、老实。

高考落榜的罗平无奈只能外出打工，人说机会最多的就数上海了。于是一没文凭二没技术的他只身来到上海。由于勤勤恳恳、能吃苦耐劳，他很快就进了一家港资五金厂做了一名杂工。

在起初的日子里，真的是又苦又累。罗平每次搬运的都是那些沉甸甸的货物，一干就是十几个小时，完工后浑身像散了架似的疼痛难忍。由于刚出学校，在家没有干过重活，如此高强度的体力劳动让罗平有点儿吃不消，但再苦再累罗平也咬牙坚持干完，实在累得受不了了，他就偷偷地哭一场，然后继续干活。

如此，反反复复地过了两年。

一起进工厂的同事也纷纷离去，留下来的也就那么几个了。皇天不负有心人，终于，凭着勤劳肯干的性格和诚实的作风，罗平赢得了其他同事的好感和领导的信任，将他由一名杂工升为组长，从组长又升为生产部部长。

时光飞逝，眼看来上海已有8年之久了。在这八年里，他辛勤地付出，都得到了回报。可他并未就此停步，而是一如既往地兢兢业业。从生产部部长又升任生产部经理。工资也是由原来的最低保障变为了现在的高薪收入。

此外，他不断深入学习管理知识，提升自我技能，尤其是当上生产车间经理后,罗平肩上的担子重了,自己也更加勤奋。他大刀阔斧地对生产车间进行了整顿,把车间生产搞得红红火火。

厂里领导得知后,鉴于罗平出色的表现,不仅对罗平的能力和忠诚给予了充分的肯定,老板还让他出任公司的副总经理,全权负责工厂的日常管理工作。而当年和他一起出门打工的老乡还在这充满机遇与诱惑的都市频繁地跳槽,却难以找到理想的工作。罗平从一名底层员工开始,经过10年拼搏和忠实坚守,终于在激烈的市场竞争中为自己闯出了一片天地。

罗平用10年的忠诚坚守赢得了老板的赏识,最终当上了工厂的总经理。他用忠诚为自己做了长期投资,而公司也给予了他丰厚的回报,这就是忠诚带来的利益,绵长而深远,丰厚而甘甜。

在你收获想要的东西之前,你总是得先付出一些东西。收获不会凭想象产生,不劳而获,守株待兔,天上掉下馅饼的事只是不切实际的空想。即使有不劳而获的事情,其中必然也隐藏着不为人知的秘密。因为天下没有免费的午餐。在现代企业管理中,只有付出忠诚,才有收获。

在古代,天子们就非常强调下面大臣对他们的忠诚,忠诚的大臣很容易得到皇帝的信任,也会得到社会上很好的名声。不仅是君臣之间,老板与员工之间也需要忠诚。老板一般都把员工当成自己人,希望员工忠诚地跟随他,听他的指挥,去完成一项又一项的工作。

通常每个人能以忠诚对待别人,一定可获得对方的喜爱甚或青睐。尤其在职场中,老板都喜欢重用忠诚的员工。事实上,任何人均不能容忍或原谅别人对其不忠诚、不讲信用,尤以老板为甚。

在古今实例中显示,不忠诚的员工往往会给公司造成莫大的危害,与其共事无异于养虎为患。试想一个老板怎会对此类员工有好印象而愿意重用呢?

因此不论你的学识才能俱佳还是干劲十足，如未能对老板表现出你的忠诚，则很难获得其重用与提拔。

忠诚、讲义气、重感情，经常用行动表示你的忠心，便很容易得到老板的喜欢。一个员工若能在一家公司工作一年以上，对公司、老板熟悉了，并对公司、老板产生了好感之后就比较容易培养出对老板的忠诚，较有机会成为老板的得力助手，所以一般而言不要轻易辞职，最好具有从一而终的心态，才能深获老板和公司的信任。尽忠职守，做好本职工作，即使工作再辛劳，也要保持无怨无悔的态度才是一个忠诚的好员工。

付出你的忠诚，主要体现在对工作的态度上。在工作方面体现为你是否认真努力工作。有人会说自己在工作上很努力，却没见到有什么回报。干多干少一样，还不如少做点事。有这样心态的人，还是对老板或公司表现得不够忠诚。表现得不够忠诚，怎能获得老板的赏识呢？还有一点，虽然工作中表现出你的忠诚，工作也相当努力，但是没有业绩出来，这样也不会有多少回报。所以说努力工作不一定会有回报，但不努力工作一定不会有回报。也只有努力工作，才可以帮助你实现所有的梦想。

在生命的旅程中，在你得到东西之前，也要先付出一些东西，不幸的是许多人在没有付出之前，都想获得更多的回报。秘书往往会跑到老板那里说："老板，请给我加薪，我就会做得更好。"业务员时常跑到老板那里说："请把我升为销售经理，我就会变得能干，虽然我一直没有做出什么业绩，不过，一旦让我负责，我就能做得更好。"如果每个人都这样想的话，可以想象一位农夫会说："如果让今年丰收的话，明年我会好好地耕种。"总而言之，他们说的是："给我报酬，然后我会生产。"可惜事实上并不是像他们所说的那样。没有付出，哪会有回报？

在美国有个叫布恩斯的青年,他在五金工具店里工作,每周的工资是200美元。有一天,他刚走进商店,总经理就对他说:"你应该已经熟悉工作中的所有细节,你会努力去做的。一旦你能表明自己的能力,我就会马上来承认你的工作成绩,给你加薪升职。"

年轻的布恩斯除了认真工作,而且总能细心观察。几周之后,他发现总经理总是仔细查看进口商品的清单。这些产品是从德国和法国进口的。他便开始研究货物清单,从而认识了法国和德国的一些商人。有一天,总经理工作非常繁忙,于是便让布恩斯帮助整理货物清单。他完成得非常出色,此后,清单检查工作都要由布恩斯来把关。

一个月之后,他被总经理叫进办公室,商行的两位主要人物会见了他,与他进行了长时间的交谈。年纪较大的一位长者说道:"在你的总经理到来之前,我一直从事这项工作。而你的总经理之所以能成为商行中的一员,就在于他能关注这一方面的工作。我在这一行干了几十年,你是第一个看到这个机会的男孩,并巧妙地把握住了这个机会。我们希望由你来主管商品进口的工作。这是一个很重要的职位,也是一项必不可少的工作,我们需要有能力的人来从事这项工作。在我们这20个员工当中,只有你一个人看到这项工作的重要性,并且有能力胜任它。"

布恩斯的工资被提高到每周500美元,在5年之内他的工资收入就会超过10万美元,后来被派往法国和德国。他的老板说:"等布恩斯到30岁的时候,可能会成为商行合伙人中的一员。他是一个把商行的命运当作自己命运的人,并愿意为此付出更多的汗水,使自己能够为商行做得更多。一个愿意为公司付出更多汗水的人,表明他对公司是无比的忠诚,付出自己的忠诚,最终必有回报。"

以赤诚之心服务于企业，企业自然会予以优厚的回报，这种回报不但是长久的，而且是最有价值的。忠诚给你带来的回报是无法估量的。

在人生的路途中，你无法知道明天到底会不会有重大的机会，或者还要一星期、一个月、一年或更长的时间才会有收获。因此，不管你现在正在做什么，只要充满热心与激情，不断地做下去，那么迟早会有收获的。但是如果你在中途就撒手不干了，那你就无法享受到收获之时的甜美了。

忠诚一定有回报，要求我们把目光放长远一些；忠诚一定有回报，前提是我们要一如继往地忠诚。忠诚一阵子就放弃的人，可能永远也得不到回报。

不要为了薪水而工作

对于很多人来说，工作就是一种谋生的手段，是赚钱的一种方式。所以，他们在选择职业时，往往非常看重职位高低和工作环境以及薪金，却很少有人把学习技术、学习经验摆在第一位。你为什么而工作？这是一个十分现实的问题，如果你是为了眼前的这份薪水而工作，那很有可能就一直在平庸的岗位上赚工资，无法超越自己。

对于职场中人，尤其是初入职场的人来说，学习远比拿多少薪水更重要，学习到可以胜任岗位的技术和能力才是最重要的，学习到如何与老板、同事处理好人际关系，加强合作则更为要紧。而如果公司能为你提供培训的机会，那么你应该感谢公司，因为培训是企业给你的最大福利。如果只把眼睛盯在钱和职位上，有的公司可能会用你，但是你只能做一些不重要的工作。而且像这种只为钱和职位而工作的员工，公司不会给你升职加薪的机会。

有一个公司的人力资源部经理这样谈他一次招聘的过程：

当时来面试的是一个刚刚毕业的大学生,高度近视,脸上的表情很漠然。对于刚刚进入社会的大学生,我也没抱太高期望,但是我还是希望从这些刚毕业的学生中挖掘一些可以塑造的人才。不过,我刚问了几个问题,他的回答迅速让我对他失去了兴趣,这时他开始和我谈薪水。

"你们公司的薪水一般是多少?"

"不同岗位的薪水不同,没有一个统一的概念。"

"那像我这样的呢?"

"你能做什么呢?从你刚才的回答你没有明确地让我知道你能做什么,我总要根据你能做什么来考虑薪水吧?"

"反正应聘这个职位的应该总有个大概的薪水吧?"

"这个岗位,我们刚入职的员工从一千多到三千多都有。"

"一千多,大学本科的太低了吧?"

"我说也有三千多的,可是大学本科并不代表更多薪水哦。"

"你们是不是都喜欢选专科的?我去招聘会上,大多数公司都喜欢选专科的。"

"他们选专科的自然有他们的理由。"

"他们都觉得专科的比较能吃苦,我觉得这是不一定的。"

……

这样的人才,我们公司不敢用。

是的,一个企业的发展必定需要人才。而人才并不是现成的,很多都是经过公司的培训才变成人才的。一个只谈薪水的年轻人,心浮气躁,是成不了大器的。其实,大多数企业都有自己的员工培训计划,培训的投资通常由企业作为人力资源开发的成本开支。人力资源开发是企业通过培训和开发项目改进员工能力水平和企业组织业绩的一项有计划、连续性的工作。由于市场、企业和员工个人总是处于动态变化之中，进行人力资源开发是企业成功所必需的，这也是企业保持和提升其竞争力的必要手段。大规模的人力资源开发被称为组织发展，其目的是改变企业的内部环境，提高员工的工作效率。当然，不可否认的是，工作确实是我们的生存之本。要吃饭就得工作，饭是必然每天都要吃的，没有任何理由，因为你要生存，而且有时候吃饭也是一种享受。所以就工作而言，这碗饭的意义可是非同寻常。

两个工作不如意的年轻人，一起去看望师父："师父，我们在办公室天天被人欺负，太痛苦了！求你给我们指点迷津，我们是不是该辞掉工作？"两个人一起问。

师父闭着眼睛有好半天，才慢吞吞地吐出五个字："不过一碗饭。"然后挥挥手，示意年轻人退下。回到公司，一个人递上辞呈，变换了工作，另一个却没变化。

十年过后，转换工作的那个人仍然是普通员工，与当初的地位一样。另一个留在公司的人忍着气，努力学，渐渐受到老板的器重，成了部门经理。

有一天两个人遇到了一起，辞掉工作的那个人问另一个人："奇怪！师父告诉我们'不过一碗饭'。这五个字，我一听就懂了，不过一碗饭嘛，有什么大不了的，何必硬留在公司里受气呢？所以我辞职了。你为什么没听师父的话呢？"

经理听了，笑道："师父说：不过一碗饭。不管在公司里多受气、多受累，只要能够坚持，到哪儿不过为了混碗饭吃。少赌气、少计较就成了，师父不正是这个意思吗？"

两个人又去看望师父，想弄明白师父说的这句话到底是什么意思。师父已经很老了，仍然闭着眼睛，隔了半天，说了五个字，"不过一念间"，然后挥挥手……

不过是一碗饭的问题！两个人的理解虽然角度不同，但是至少都明白了工作是必须做的事情。每个人工作的原因可能很多，除了一般为了生存的经济因素外，最主要的原因就是希望实现自己的价值。而做自己喜欢做的职业，无疑是最开心地实现自身价值的方式，没有逼迫、没有勉强，在无拘无束的快乐心情中实现自己的价值。为生存而追求工作，如果做到极致乃至卓越，你不仅拿到了更多的饭钱，也实现了自己喜爱事业上的成就。

我们反过来可以想，像比尔·盖茨这样的亿万富翁，他为什么还要工作？难道也是为了薪水？当然不是，比尔·盖茨的财产大约是590亿美元。假如他和他太太每年用掉一亿美元，他们要590年才能用完这些钱——这还没有计算这笔巨款带来的巨大利息。

美国Viacom公司董事长萨默·莱德斯通在63岁时开始着手建立一个很庞大的娱乐事业。63岁，在多数人来是退休、尽享天伦之乐的时候，萨默·莱德斯通却在此时做了很重大的决定，让自己重新创造价值。而且，他总是一切围绕Viacom转，工作日和休息日、个人生活与公司之间没有任何的区别，有时甚至一天工作24小时。别人不理解他哪来的这么大的工作热情。

萨默·莱德斯通说了："实际上，钱从来不是我的动力。我的动力是对于我所做的事的热爱，我喜欢娱乐业，更喜欢我的公司。我有一个愿望，想要实现生活中最高的价值，尽可能地表现完美。"

为薪水而工作是生理上的意义，为实现自我价值是心理上的意义。后者更能让我们对工作注入激情，带着激情工作，才能感到快乐。一些心理学家发现，金钱在达到某种程度之后就不再诱人了。人生的追求不仅仅只有满足生存需要，还有更高层次的需求，有更高层次的动力驱使。其中，自我实现的需要层次最高，动力最强。

因此，薪水是必须追求的。但是在追求自我实现的时候，自然而然实现了对金钱的追求。不要问老板能给你多少钱，而要问自己值多少钱。你的能力决定你的薪水，而你的能力需要在自我实现的过程中得到提升。所以，要时刻保持积极的工作态度。

假设你总是不断重复某种消极的想法，并假设这种想法跟生活中的事件并无关系，仅仅是种消极的念头，诸如"我好沮丧""我讨厌我的工作""我干不了这个""我讨厌变胖"。被这样的思想占据脑海时，你该如何才能改掉这种坏习惯呢？确实有许多方法可以打破消极思维模式，基本核心是用一种新模式来替代旧模式。从心底抗拒消极思想这样的做法经常适得其反——你只会把情况弄得更糟，消极的念头会更强烈——你越是用同样的办法去刺激那些神经元，原有的思维模式就会越稳固。所以要摆脱消极思想，就要换成积极上进的思想。

天上不会掉馅饼，只有付出才有回报，这是亘古不变的真理。天下没有免费的午餐，不劳而获的事情是不可能的。想要出人头地，就得辛苦付出。但遗憾的是，有许多人仍然不动手去做，仍然梦想奇迹会发生，仍然想不劳而获。

一个人掉进海里，上帝说会来救他。这时来了一艘船，但是他拒绝上船，他对船上的人说，他要等上帝。然后第二艘、第三艘船陆陆续续地来，他都没有上。最后他淹死了，去见了上帝。他责问上帝为何失信，没有去救他。上帝说，我派了三艘船去救你，你都没有上船啊。

这里还有个故事。一个小男孩问上帝："一万年对你来说有多长？"

上帝回答说:"像一分钟。"小男孩又问上帝说:"一百万元对你来说有多少?"上帝回答说:"像一元。"小男孩再问上帝说:"那你能给我一百万元吗?"上帝回答说:"当然可以,只要你给我一分钟。"

不劳而获,就像守株待兔一样,成功的概率几乎为零。人们崇尚劳动最光荣,并不是人人都喜欢劳动,而是人人都明白,只有付出才有回报。

我们常常会收到这种手机短信,说恭喜您中了大奖,十分拙劣的骗局,却总有人上当受骗。还有各种招聘网站的广告,"轻松跳槽让你拿百万年薪",真有这等好事,招聘网站的人自己为什么不去,还轮得到你?有人说自己被骗了,其实是被自己那种想不劳而获的贪婪懒惰心理给骗了。

每个人都想发达,都想成就一番事业,都想得到自己梦想中的金钱、权力等。很多人就把希望寄托在一夜暴富上。这是一种投机取巧的心理,运气是存在的,但是必须有努力做基础。很多人对于成功者是怀着这样的心态的,他有什么了不起,走了狗屎运而已,我要是有这么个机会,肯定比他强。运气这种东西可遇而不可求,尤其是那种守株待兔的运气,绝大多数人是遇不到的,硬要去追求碰运气的话,结果往往是可怜的,比如买彩票,永远不中奖的比中奖的要多得多。

天上不会掉馅饼,就算有馅饼,也不会砸到这些抱有投机取巧心理的人头上。在职场里,也往往如此,没有精心努力而期待有好结果的人有很多。

等着天上掉馅饼的心态,使得很多人忘记了只有老实工作才有成就的道理。所以,他们不停地抱怨公司,埋怨老板,整天应付工作,并发出这样的言论:"何必那么认真呢?""说得过去就可以了。""现在的工作只是个跳板,那么认真干什么?"结果,他们失去了工作的动力,不能全身心地投入工作,更不能在工作中取得斐然成绩。最终,聪明反被聪明误,失去了本应属于自己的升迁和加薪机会。

有一个叫王新的年轻人，他刚开始在一家汽车公司制造厂上班，因为年轻，对工作三心二意，工作起来很没有劲头。有一天，他的父亲对他说："你不可能在没有付出的情况下就得到你所想要的一切。"

这时候，王新就开始问自己：你想得到什么？怎么才能得到？经过反思，王新的思想开始了慢慢转变。没有多久他便能真正全身心投入到工作中去。

他细心观察工厂的生产汽车的设备，甚至不辞辛苦地向一些老技术工人去请教。当他得知一辆汽车由零件到装配出厂大约要经过13个部门的合作，而每一个部门因职能不同各有各的分工。他当时就想：既然自己要在汽车制造业干出点成绩，就必须要对汽车的全部制造过程都能有深刻的了解。于是，他主动要求从最基层的杂工做起。由于杂工不属于这家汽车公司的正式工，也没有固定的工作场所，是制造厂里最苦最累的工种，哪里有需要就要到哪里工作。

有付出才有回报，王新深深记住这句话。通过干杂工，王新和工厂的各部门都有接触，对各部门的工作性质也有了全方面的了解。不久，他就学会了制汽车椅垫的手艺。后来又申请调到点焊部、车身部、喷漆部、车床部去工作。不到五年的时间，他几乎把这个厂的所有部门工作都做过了。后来，他因工作成绩十分突出，被老板提升为厂里的副总经理。

在市场经济的条件下，企业作为一个以利润为目标的经济组织，任何企业的人力资源战略都必须服从于一个基本的"投资回报"的原则。也就是说，企业在考虑支付员工报酬的时候，一定要权衡员工对企业所付出的劳动，更要衡量他为公司所创造的价值。从这个意义上说，任何员工想要得到更高的报酬，就必须要为所在企业创造更大的价值和利润。员工为企业创造了多少价值和利润,就能得到多少。你的价值和你的付出绝对是成正比的。换句话说,付出的越多,你的价值也就会越高,甚至成为不可被替代的金牌员工。

每个老板都希望拥有更多优秀的员工,期望优秀员工给企业带来更多的价值。如果你能够努力付出,按时按量完成自己所能完成的工作,那么总有一天,你能够在众多员工中脱颖而出,获得更高的职位与薪水。

要想成功,就要真正放弃投机取巧的心态,实实在在地付出。只要还存有一点取巧、运气的心态,你就很难全力以赴。不要梦想中彩票,或把时间花在赌桌上。这些一夜之间飞黄腾达的梦想,都是人们努力的绊脚石。记住:天上不会掉馅饼!

17

报国章

[原文]

为人臣者，官于君，先后光庆，皆君之德，不思报国，岂忠也哉？君子有无禄，而益君，无有禄，而已者也。报国之道有四：一曰贡贤，二曰献猷，三曰立功，四曰兴利。贤者国之干，猷者国之规，功者国之将，利者四之用，是皆报国之道，惟其能而行之。《诗》云："无言不酬，无德不报。"况忠臣之于国乎。

[注释]

先后光庆：为祖先带来光荣，为后代带来幸福。

献猷：献计献策。猷，计划，计谋。

干：即栋梁之材。

"无言不酬"二句：没有一句话不予以应答，没有一次恩德不予以回报。酬，应答，应合。

[译文]

作为臣子为君主做官治理天下，给祖先带来美誉，给后代带来幸福，都是由于受了君主的恩德。臣子如果没想到报效国家，这难道还能算得上是忠臣呢？贤明之人有的没有俸禄却还想着为国君做有益的事，还没有受了俸禄不报答君王的。报国之道有四种人：一是向君主举荐贤才并任职的人，二是向君主出谋划策的人，三是建功立业的人，四是为国家增强收入，为民谋利的人。贤能之人为国家提供栋梁之材；献计献策的人，为国家提供治国方略；建功立业的人，是保卫国家的将帅之才；为国家增强收入，为民谋利的人，是国家的有用之才。这些都是报效国君的方法。只要是尽了自己的能力去做，就可以了。

《诗经》上说:"没有一句话不予以应答,没有一次恩德不予以回报。"何况身为忠臣而对于自己的国家呢?

[现代管理启示]

懂得感恩是忠诚的基础

中国有句俗话:滴水之恩,当涌泉相报。感恩不仅是一种生活态度,更是一种善于发现生活中的感动并能享受这一感动所给我们带来的快乐的思想境界。感恩父母,感恩老师,感恩老板,感恩同事,等等。正因为他们,我们才不断成长,不断进步。作为子女懂得感恩,才能孝顺父母;作为学生懂得感恩,才能更加刻苦学习;作为同事懂得感恩,才能更好地团结合作;作为员工懂得感恩,才能忠诚于自己的公司。在当今企业管理中,每家企业都希望员工对自己忠诚,而忠诚的基础就是懂得感恩。

懂得感恩是忠诚的基础,一个不孝顺父母的人是不用指望会一心一意地建设国家、报效国家的。同理,一个不忠诚的员工也不会努力专心地去工作,将企业当成自己的家。作为公民懂得感恩,才能热爱和报效国家,才会努力地为建设国家做出贡献;作为子女懂得感恩,才能去倍加孝顺父母,父母才会感到欣慰;作为企业员工懂得感恩,才能热爱和珍惜工作,才会给企业发展创造价值。当你心存感恩时,你的心情自然是愉快而积极的,因为你知道自己身上所肩负的责任,并会永远保持在生活、工作和学习上积极的态度,并对自己的行为负责。你的人生将与众不同。不懂得感恩谈不上忠诚,没有忠诚更不会懂得感恩。

老王根据电线杆上的小广告，找来一个农村青年给家里装修。小伙子一声不吭做到天黑，老王留他吃饭，他推迟了半天，最后拘谨地坐下来。听说小伙子为了让弟弟读重点高中，主动放弃上大学的机会来城里打工，老王很感动，把家中多出的旧衣服都送给了小伙子。小伙子涨红了脸，一声不吭地接过袋子走了。第二年的夏天，老王开门看见一个背着蛇皮袋子的年轻人站在门口，见老王茫然地看着他，年轻人很着急地说："是我啊！去年给您家干活，您还送我一袋衣服的。"老王忙招呼他进门，他坐在沙发上不停地搓着手。他还是那样的拘谨，说："我家里人都很感谢您给我的那些衣服。原本那次给您装修是我最后一个活，做完就回家种田去，可自从上次到这里后，我又想继续待在这个城市了。这次进城，家里人都让我捎点儿自己种的粮食，还有特产过来，说一定要好好谢谢您！"说完，小伙子放下东西就走了。老王目送着他，惊讶于事情都已经过去这么久，他居然能照原路找过来，这究竟需要多少的勇气啊！

在这个世界上，当我们走向社会之前，首先应感谢父母，是他们将自己带到人间，给了生命和光明；还要感谢老师，是他们传授我们知识，激活我们的智慧；当然还要感谢亲友带给我们的快乐。当走向社会之后，首先要感谢的是我们的老板，是老板给了我们工作机会，而不必再为找工作四处奔走，是他们的存在，让我们有了一日三餐，有了稳定的收入和住所。感谢老板之余，还要感谢同事。是同事的配合，让你顺利完成工作；感谢客户，是他们成就了你的业绩；感谢对手(职务上的或业务上的)，他们不是敌人，而是朋友，只有他们能帮你提高产品与服务质量，激发你的斗志和潜能。感恩让你不断进步。感恩会让你主动，感恩会让你更加努力，由此你会因感恩而得到更多精神的和物质的资源。

时常怀有感恩的心,你会变得更加有魅力,值得尊敬且高尚。每天都用几分钟时间,为自己能有幸成为公司的一员而感恩,为自己能遇到这样一位老板而感恩。"谢谢你""我很感激你",这些话应该经常挂在嘴边。以特别的方式表达你的感谢之意,付出你的忠诚,为公司更加勤奋地工作,比物质的礼物更可贵。

感恩既是一种良好的心态,又是一种奉献精神。当你以一种感恩图报的心情工作时,你会工作得更愉快,你会工作得更出色。

一位成功的职业人士曾说:"是一种感恩的心情改变了我的人生。当我清楚地意识到我无任何欲望要求别人时,我对周围的点滴关怀都具有感恩之情。我竭力要报答他们,我竭力要让他们快乐。结果,我不仅工作得更加愉快,所获他人的帮助也更多,工作也更出色。我不久获得了公司加薪升职的机会。"因此,如果你能每天怀抱着一颗感恩的心情去努力工作,在工作中始终牢记"拥有一份工作,就要懂得感恩"的道理,你一定会收获得更多。

感恩并不仅仅有利于公司或者老板,对于个人来说它是一种美德。它是一种深刻的感受,不仅能够增强个人的信誉,还可开启神奇的力量之门,发掘出无穷的主观能动性。感恩也像其他受人欢迎的魅力一样,更加是一种习惯和态度。今天,在商战中激烈竞争的企业,尤其应该把会感恩者视为企业的一大财富,并给予重用;作为员工,应该用感恩的心态严格要求自己,使自己做一个会感恩的优秀员工。懂得感恩的人,才能主动、热情地投入到工作当中去;懂得感恩的人,才能忠诚于公司。不会感恩的人往往会被贴上"忘恩"的标签,这其实就是社会对他们不感恩行为的一种谴责,他们因此付出的代价就是很难再找到好工作,因为,没有哪个老板愿意将一个不会感恩的人引入企业。

对工作全力以赴

老板们都喜欢能做好自己工作的人。能够做好自己的工作是成功的第一要素。如今的老板越来越看重员工能否做好自己的工作，对于能胜任工作的员工，会给予他们更多的机会。各行各业，各个领域，无不在呼唤能全力以赴做好手中工作的员工。

一个曾拿着很多名人推荐信的年轻人去应聘西雅图快递公司的一个职位。给他面试的主管问他："你能做什么工作，你有什么特长吗？"那个年轻人说："我可以做好任何事，我的特长就是口才好，可以说服任何人。"面试的主管听到他的回答之后，就结束了面试："我们不需要一个几乎什么都能做的人，我们更想要一个能把一件事做得很好的人。"

许多人误以为只有聪明的人才会成功，只有美貌俊俏的人才有资格当明星，事实并非如此。

斯蒂芬·霍金患有神经系统疾病，言语不清，整天坐在轮椅上，但他从事理论物理的研究工作，对我们当代了解宇宙做出了非常重要的贡献。

海伦·凯勒幼年因意外疾病而引致失明及失聪，却学会了读书写字，最后成为杰出的女作家。

土鲁斯·劳特雷克患侏儒症，身体畸形，但他却创作出了优秀的绘画作品，成为印象派的一位巨匠。

以上这些人自身条件都很不好，存在着令常人难以想象的困难，但他们在巨大的困难面前毫无退缩，反而战胜了困难，取得了成功。他们之所以会成功，除了自身的坚强意志外，最重要的是对工作全力以赴的信念。人们可以很有理由地推断，假如他们当初因为自身的困难而没有对所做的工作全力以赴，那么他们是不可能取得今天这样伟大的成就的。因此，每一位员工都应有做好本职工作的信心。

英国哲学家约翰·密尔说："不管是最伟大的道德家，还是最普通的老百姓，都要遵循这一准则，无论世事如何变化，也要坚持这一信念。它就是，在充分考虑到自己的能力和外部条件的前提下，进行各种尝试，找到最适合自己做的工作，然后集中精力、全力以赴地做下去。"

如果不想让老板不满意你的工作表现，最好的做法就是自动自发地确定自己做的事是否符合上司、老板和公司的要求，是否具有重要意义。同时，将"尽力而为"改为"全力以赴"。

在企业中经常听到有人说"我一定尽力而为"，而当问题没解决的时候，有的员工总会为自己辩解："我已经尽力了。"这是一种典型的找借口。其实，要想真正将一件事情做好，光尽力而为还远远不够，必须全力以赴地去做，这样才能逼迫自己将主观能动性全部都发挥出来。有这样一则寓言小故事。

一天，主人命令小猫去捉老鼠。主人用拖鞋打断了老鼠的后腿，受伤的老鼠开始拼命地向前奔跑。小猫在主人的指示下也是飞奔去追赶老鼠。可是追着追着，老鼠进洞了，猫只好悻悻地回到主人身边，主人开始骂猫了："你真没用，连一只受伤的老鼠都追不到！"猫听了很不服气地说道："我尽力而为了呀！"

再说老鼠带伤跑回洞里，它的兄弟们都围过来惊讶地问它："那只猫很凶，跑得很快，你又受了伤，怎么跑得过它的？""它是尽力而为，我是全力以赴呀！它没追上我，回到主人跟前最多挨一顿骂，而我若不全力地奔跑，我就没命了呀！"

很多时候，人难免像猫。在无关紧要的时候得过且过，当一天和尚撞一天钟，凡事只图尽力。其实，尽力是个伸缩性很大的词，力是尽了，可是效果有多少，是10%，还是50%或100%？付出和收获不成正比，就像工作和效果不能权衡，但是却只有10分尽力的付出才有可能成就5分可喜的收获。如果连5分尽力也没有，那将要面临的很可能是一无所有。所以在职场生涯中，每个人都要全力以赴地工作，不要尽力而为地工作，才能挖掘出自己最大的潜能，让自己创造出最大的价值。

对于员工来说，不管自己经手的是什么样的工作，都要全力以赴把它做好，这应该是每个员工的人生信条。每个人都希望在工作上留下他工作过的印记，让他的名字成为最优质的工作的代名词。他会让人们相信，他做的工作都是最好的，这是所有的老板都在寻找的品质。

让每个员工明白对工作全力以赴的品质完全可以弥补先天的缺憾，它是比金钱更好的资本。凡事尽力而为的员工，从不会尽全力做好自己的工作，他们在工作中常抱有这样一些想法：速度第一，质量第二，差不多就行了；现在的工作只是跳板，不需要自己认真对待；老板给我开多少工资，我就干多少活。

一个人一旦有了这些想法，不管他的工作条件多么好，交付他的工作多么简单，他也很难全身心地投入工作当中，做好自己的工作。这种类型的员工不会达到成功的顶峰，也不会得到任何老板的器重。世上没有免费的午餐，如果你不看重自己的工作，如果你不愿意为成功付出相应的代价，那么你也只好接受无奈的人生和难堪的生活困窘。

现代职场中，全力以赴做好自己工作的员工和尽力而为的员工之间最根本的区别在于，前者懂得为自己的行为结果负责，这样的员工每个企业都想要。而后者却是对待工作得过且过，这样的员工，老板不会让他待在公司的。其实，做好手中的工作，成为职场中一名优秀员工并不难。优秀的员工首先是把"认真"二字放在脑中，然后尽快了解自己的工作范围，熟悉公司的各个方面。熟悉公司的一切是做好本职工作的基础，打好这个基础可以使本职工作干得更出色，甚至超出老板的期望。从另一方面讲，主动努力了解公司的一切，可表现出一个员工对公司有一种认同感和归属感，认同公司企业的文化，把公司当成自己的家一样，这对于一个渴望成功的员工来说非常重要。优秀的员工还会像一个勤奋好学的中学生一样，拼命吸收所在行业中以及其他行业中的各种知识，并竭尽所能地了解自己专业领域的和其他相关专业领域的最新动向和知识。只有做到这些，才能迎接变革的需求，出色地完成老板交付的工作。

每个人的职业生涯和未来的成功，都会被自己是否全力以赴地投入工作中的态度所影响。在工作中，每个员工都必须保持一种全力以赴的拼劲，踏踏实实地做好每一天的工作，坚持做完手里的每一件工作，而且做得很出色。甚至有时候让自己背水一战，因为只有这样，才能不断提高自己的工作业绩，也只有这样，才能赢得美好的明天和未来的成功。所以，每个人所做的每一件事都是他职业的一部分。如果一个人经手过的工作杂乱无章或很糟糕，那么这个人的职业生涯将前途渺茫，离成功之路就越来越远。

如果你想成功，就必须全力以赴！世界上没有做不好的工作，只有不肯付出努力的人。一个人无论从事什么样的职业，都应该全力以赴地工作。在工作的过程中，使出自己最大的力量，努力求得不断的进步。同时，也只有全力以赴地工作，我们才能对得起领到的那份薪水。

18

尽忠章

[原文]

天下尽忠，淳化行也。君子尽忠，则尽其心，小人尽忠，则尽其力。尽力者，则止其身，尽心者，则洪于远。故明王之理也，务在任贤，贤臣尽忠，则君德广矣。政教以之而美，礼乐以之而兴，刑罚以之而清，仁惠以之而布。四海之内，有太平音，嘉祥既成，告于上下，是故播于《雅》《颂》，传于后世。

[注释]

淳化行也：淳厚的教化风行。

《雅》：《诗经》中的一类，分《大雅》《小雅》。

《颂》：《诗经》中的一类，包括《周颂》《鲁颂》《商颂》，是统治者祭祀时配有舞乐的歌辞。

[译文]

天下所有的人都能尽行忠道，那么教化淳厚的局面就会盛行。君子行忠道，主要是竭尽其忠心。常人行忠道，主要是竭尽其体力。竭尽体力效忠的人，其绵薄之力一般只限于他自身；竭尽其忠心的人，其巨大的影响则能遍及到极远极广的地方。所以圣明的君主治理国家，关键之处在于选择、任用贤明的臣子。如果臣子贤明并恪尽忠道，那么君主的恩德就会被广泛地传播开来，从而达到天下大治。于是，国家政治教化因此而产生美的效果，礼乐文化也因此而兴起、发达，国家刑罚也因此而出现清明局面，君主施予民众的仁政、恩泽也因此得以遍布天下。这样的话，整个天下就会呈现出一派太平盛世景象。美好吉祥的局面已经形成，于是就将它敬告上天和地下的神灵。这就是《雅》

《颂》传播动脉很广,并代代相传、没有穷尽的原因所在。

[现代管理启示]

忠诚是双向的

谈到忠诚,莎士比亚说:"忠诚你的所爱,你就会得到忠诚的爱。"恺撒大帝说:"我忠诚于我的臣民,因为我的臣民对我忠诚。"忠诚是相互的,对企业忠诚也是对自己忠诚,对老板心存感恩也是对自己负责。做一个有责任感的人必须有一颗忠诚的心,对自己忠诚代表了另外一种可贵的品质,对自己忠诚的人会有负责到底的信念,任何有损企业利益和形象的事情,必须用我们负责到底的工作态度使它们减少直至杜绝。

每一个企业都渴求得到员工的忠诚。期望员工对企业有一种执着的归属感,强调忠诚是员工对于企业的感情承诺,是员工对企业的一种肯定性的心理倾向。忠诚是员工和企业共同的课题。然而,由于员工和企业之间在地位、信息等方面的不对称性,企业忠诚于员工是实现员工忠诚于企业的前提,员工忠诚只是企业忠诚于员工的衍生物。在新的经济环境下,员工更多地把自己的忠诚奉献给了信赖的特定企业,也就是关心自己的企业。只是如果企业不能忠诚于员工,随便出卖员工的利益,那么员工是无论如何也不会忠诚于该企业的。所以忠诚是双向的,是企业和员工共同建立的一种信赖关系,也是双赢的结果。

在企业当中,企业与员工的忠诚是双向的,企业需要员工对自己忠诚,同时员工也需要企业对自己忠诚。只要求员工对自己忠诚,而不对员工忠诚的企业是无法得到忠诚员工的；同样，只想企业对自己忠诚，而不想奉献自己的忠诚的员工在企业里也不会有更好的发展。

也只有企业对员工忠诚，才能赢得员工对企业的忠诚。在企业与员工的双向忠诚关系中，企业对员工的忠诚是基本的，即企业首先必须忠诚于自己的员工，树立忠诚于自己员工的信念。

沃尔玛是全美投资回报率最高的企业之一，其投资回报率为46%，即使在不景气时期也达到32%。沃尔玛的历史远没有美国零售业百年老店"西尔斯"那么久远，但在短短的几十年时间里，它就发展壮大成为世界最大的零售巨头。当前，沃尔玛的经营哲学、管理技能已经成为管理学界的热门话题，当然这也包括其成功的人力资源管理。

在沃尔玛，员工有一个著名的称谓——"合伙人"。一方面，沃尔玛把企业领导称为老板，而另一方面又把员工称为合伙人，这与许多企业只强调管理者的领导地位的管理方式迥然不同。

为什么会这样呢？这是因为沃尔玛非常看重员工的责任感和忠诚度，所以，企业以其对员工平等相待的态度来赢得员工对企业的忠诚。

"合伙人"的概念是把员工的心和公司统摄到一起，员工们才把公司当成自己的家，遇到风雪的时候，家人在一起顶过去。遇到阳光天气，家人在一起享受日光浴。与公司一起成长，公司壮大了，你也进入成功人士的行列！

企业必须对员工忠诚，企业对员工的忠诚就是企业对员工工作和生活的一种负责任的态度。如给予合理的薪资和福利待遇，帮助和促进员工个人发展，提供晋升的空间，等等。现实中有许多这样的例子，那些能够赢得员工忠诚的企业无一不是对员工承诺且确实担负起了一定责任，表现了忠诚。

每个企业都会要求员工必须遵守企业规章制度，也都会要求自己的员工保质保量完成任务，更会要求自己的员工要忠诚于自己的企业。但忠诚对于企业来说是员工的心理感受和应尽的责任，而人为地强制员工忠诚根本就没有任何意义。只有当员工的内心中深深地从日常的工作、学习、生活中感受到企业对自己的工作、生活及未来的关心和态度是真诚负责时，员工才会与企业实现心理上的沟通和交换，自然、自愿、自觉地忠诚于企业、服务于企业、奉献于企业。否则，忠诚便无从谈起。

企业要主动地忠诚于员工，虽然忠诚是企业与员工之间的相互性行为，实际上却往往需要以企业对员工的忠诚为先导。因为就企业和员工的互相忠诚而言，企业对员工的忠诚更具主动性。企业从最初的招聘到员工录用后，企业人力资源开发与管理的方针、政策、制度等就已经表明了企业对员工忠诚与否的态度，所有的这些都将会影响到员工对企业的忠诚度。如果一个企业一味地强调劳资雇佣关系而忽视了企业与员工之间的合作或利益相关关系，只想让员工多为企业做贡献而很少为员工付出，对员工的就业安全、职业生涯及个人发展全然不予考虑，那么这样的企业就难以赢得员工的忠诚和献身精神。在这样的企业当中，员工不会忠诚地服务于企业，感到自己在公司不会有多大的发展，就会义无反顾地选择跳槽。反之，一旦企业能够把员工当成可以互助互利的合作伙伴，并且都能够实实在在地对员工报以忠诚与负责，像关心企业的利润和发展一样关心员工的学习、生活、前途和命运等，那么员工就一定会愿意与企业共进退、共发展，并且能够保持较高的忠诚度。

当公司出现困难时，成功的企业家一般都不赞成用解雇员工的办法来度过企业危机，也不会轻易解雇一个为公司服务多年的员工。日本的松下电器就是一个典型的例子。

当经济不景气或企业经营困难时，大多数企业首选裁员。但这种方法往往会造成适得其反的效果,比如优秀的骨干员工被竞争对手挖走,或者心存不满的员工会泄露公司的机密,更有甚者会引发工潮。所以不是每一个企业主都非常赞成这样的方式。比如松下幸之助就十分反对采用这种方法。

1928年,世界第一次经济大危机爆发,经济混乱,松下公司也像很多其他公司那样销售额大幅度下滑。公司管理层向松下幸之助提出要求裁掉一半的工人以渡过难关。但松下幸之助坚决反对,他提出,一个工人也不许裁,生产实行半日制,工资按全天支付。他说:"产量减半可以恢复,忠诚的员工走了,公司的元气就会大伤。"松下所有的工厂工作时间减为半天,但员工的薪金全额给付,不得减薪。员工听后非常感动,自动自发提出帮助公司无薪酬全力销售库存。用这个方法,松下渡过难关,静候时局变化,并因而获得一些资金,免于破产。至于半天工资的损失,相比以后公司恢复仅仅是个小问题。作为企业主如何使员工们有"以工厂为家"的观念,才是最重要的。所以当时松下的员工都照旧雇用,员工一个也没有被解雇。

松下幸之助的这个想法和作风,使全体员工们十分感恩,认为老板虽在工作上严厉,关键时刻很富有人情味,敢于为公司和员工承担责任。"众志成城"的集体力量是无穷的,在全体员工的共同努力下,松下电器公司摆脱了困境。松下幸之助富有人情味的做法,更多体现了他对员工的关爱,对员工的一份信任,还有对员工的一份忠诚。正因为他关爱员工、信任员工、忠诚于员工,也赢得员工对他的忠诚,员工会更卖命地为松下工作,这是一种双赢的局面。

有些企业老总们总是抱怨员工对企业缺乏责任心,对上司缺乏忠诚。殊不知,忠诚是双向的,绝对忠诚需要双向绝对的投入。

因为企业与员工之间的忠诚是相互的,在企业对员工忠诚的基础上,员工也必然会忠诚于企业，也应该忠诚于企业，企业与员工之间就形成了双向忠诚。只有当企业对自己的员工倍加关心爱护，员工才会全心全意地为企业工作，员工对工作才会尽心尽力。

员工忠诚于企业，首先表现为员工对企业有一个认同感，还有对企业的热爱。优秀企业往往有着极强的凝聚力，它像融合剂一样，能够把人才吸引和凝结在企业的周围。没有对公司的热爱也不会有员工对企业的忠诚。只有员工热爱自己的企业，才能更加努力地工作，在企业共同价值观念的推动下形成一股强大的力量，把企业目标转变为个人的自觉行动，从而真正地实现了员工个人目标和企业目标的高度一致，使企业内部产生最大的协同作用力，向着企业既定的经营目标而努力奋斗。员工忠诚于企业主要表现为员工对企业产生一种强烈的归属感，同时还具有规范自身行为的自觉性、主动性、持久性和责任心，并且能够把企业规定的行为准则潜移默化地融化在个人自觉的行动中，做到全心全意地服务于企业。

因此，企业忠诚于员工，就是企业对员工爱心、信心的充分体现。而员工忠诚于企业，在许多时候还会表现为员工对工作的忠诚。而员工对工作的忠诚往往意味着员工会以热忱、真诚的态度，保质保量地完成工作。这里的真诚通常都是发自员工内心的，而且是来源于员工的自觉的、主动的忠诚。而员工对工作的这种高度忠诚，最终会为企业带来更大的经济效益。

尽职尽责是你的使命

责任关乎安全，责任心就是别人对你的安全感、信任感。一位社会学家曾经说："一个人放弃了对社会的责任，就意味着放弃了在这个社会中更好生存与发展的机会。"责任心很关键，但是更关键的是在实际工作中做到尽职尽责，这是每个员工的使命。

做好自己分内的工作，这是最基本的。工作中，每个员工都扮演着不同的角色，而每一个角色都有其相应的责任。从某种意义上说，角色饰演的成功与否取决于你对职责的履行程度。也就是说，只有尽到最大的责任心，你在自己的职位上的角色就是非常成功的。

卡洛·道尼斯最初给汽车制造商杜兰特工作时，只是担任很低的职务。但他现在已是杜兰特的左右手，而且也是杜兰特手下一家汽车经销公司的总裁。拿破仑·希尔前去访问道尼斯时，询问他是怎样如此迅速地获得提升的。道尼斯说："当我刚去给杜兰特先生工作时，我注意到，每天下班后，所有的人都回家了，但杜兰特先生仍然留在办公室，因此我也决定在下班后留在办公室。没有人要我留下来，但我认为应该留下来，必要时可为杜兰特先生提供所需的协助，替他做个重要服务。而他随时都会发现我正在那儿等待替他提供任何服务，他后来就养成了呼唤我的习惯，这就是整个事情的经过。"

一个人如果没有了职责和理想，生命就会变得毫无意义。责任不仅是工作的态度，也是做人的原则。无论你在什么工作岗位上，如果能全身心投入工作，忘我工作，就一定会取得成就。每个公司都喜欢尽职尽责的员工，只有每个员工意识到尽职尽责是自己的使命，这个公司才能在日益激烈的市场竞争中立于不败之地。

美国沃尔玛超市之所以能称霸全球，始终处于霸主地位，并不是因为它有天才的存在，它的成功与每一位员工拥有高度的责任心息息相关。他们以提供客户最好的服务为使命，并深信只有自己才能肩负起这个崇高的使命。更重要之处在于，他们懂得要完成这项使命，唯有人人在各自的工作岗位上尽到责任，沃尔玛才能不断向世人推出一流的商品与服务。

尽职尽责是要员工在自己的岗位上把工作尽全力做到完美的状态，每一个细节都要顾及到。一个把责任心根植于心中的员工，会把负责任变成一种习惯，成为脑海里一种自觉意识。在日常的行为和工作中，这种责任意识才会让员工自己表现得更加卓越。一个合格的员工，不单单是做好自己分内的工作，做到不犯错误，而且还要有高度的责任感，做到无可挑剔，能够让领导感到自豪，这样才叫尽职尽责。

美国一家游戏软件企业的老板经常会去日本任天堂公司出差。在日本期间，他从东京和大阪往返的列车票都是由任天堂公司销售部的一名普通接待员负责订购。

这个老板坐了好几次列车之后，发现了一个现象：他每次去大阪时，座位总是紧邻右边的窗口的位置上；返回东京时，又总是坐在靠左边窗口的位置上。这样每次在旅途中他总能在抬头间看见美丽壮观的富士山。

他心存疑惑，自己的运气怎么每次都这么好，于是有一次在接待员那里拿到列车票之后，他就问这位接待员这是怎么回事。

接待员笑着用流利的英文回答说："您乘列车去大阪时，日本最著名的富士山在列车窗口的右边。据我的观察，外国人都很喜欢富士山壮美的景色，而回来时富士山却在列车窗口的左侧，所以，每次我都特意为您预订可以一览富士山的位置。"

美国老板听完之后，默默地看着这个普通的接待员，心里产生了强烈的震撼，没想到一个小小的接待员竟然如此细致入微，富有高度的责任心，并把工作做到这样完美。他由衷地赞美这位接待员。这位接待员笑着说："谢谢您的夸奖，这完全是我职责范围内的工作。在我们公司，其他同事比我更加尽职尽责呢！"

从这之后，这个老板将原先预定交给任天堂公司与另一家日本游戏公司共同分享的巨额订单全部交给了任天堂公司。并由这位美国老板提议，这位接待员就由一名普通的接待员调至其与任天堂合作新设立的家庭游戏部任主管。这位接待员就是任天堂著名的游戏制作人，且被称为超级玛丽之父的宫本茂。就像十几年后这位老板对功成名就的宫本茂说的："就这样一件小事，作为一名普通的接待员你都做到尽职尽责，那么，毫无疑问，你和你的公司会对我们即将合作的庞大计划竭尽全力的，所以与你们合作我百分之百放心！"

公司是一个紧密联系的有机生命体，如同人体各个器官的运转一样，需要每个职员都把责任固定在自己身上。如果公司的每个员工都能尽职尽责，主动分担责任，天下兴盛的公司就随处可见。宫本茂的尽职尽责不仅仅为公司赢得了更大的利润空间，更为自己赢得了更大的发展平台。

1930年3月27日，对于还一事无成的原一平是个不平凡的日子。27岁的原一平揣着自己的简历，走入了明治保险公司的招聘现场。一位刚从美国研习推销术归来的资深专家担任主考官。他瞟了一眼面前这个身高只有145厘米、体重50公斤的"家伙"，抛出一句硬邦邦的话："你不能胜任。"

原一平惊呆了，好半天回过神来，结结巴巴地问："何……以见得？"

主考官轻蔑地说："老实对你说吧，推销保险非常困难，你根本不是干这个的料。"

原一平被激怒了，他头一抬："请问进入贵公司，究竟要达到什么样的标准？"

"每人每月10000日元。"

"每个人都能完成这个数字？"

"当然。"

原一平不服输的劲儿上来了,他一赌气:"既然这样,我也能做到10000日元。"

主考官轻蔑地瞪了原一平一眼,发出一阵冷笑。

原一平"斗胆"许下了每月推销10000日元的诺言,但并未得到主考官的青睐,勉强当了一名"见习推销员"。没有办公桌,没有薪水,还常被老推销员当"听差"使唤。在最初成为推销员的七个月里,他连一分钱的保险也没拉到,当然也就拿不到分文的薪水。为了省钱,他只好上班不坐电车,中午不吃饭,晚上睡在公园的长凳上。

然而,这一切都没有使原一平退却。他把应聘那天的屈辱看作一条鞭子,不断"抽打"自己,整日奔波,拼命工作,为了不使自己有丝毫的松懈,他经常对着镜子大声喊:"全世界独一无二的原一平,有超人的毅力和旺盛的斗志,所有的落魄都是暂时的,我一定要成功,我一定会成功。"他明白,此时的他已不再是单纯地推销保险,他是在推销自己。他要向世人证明:"我是干推销的料。"

他依旧精神抖擞,每天清晨5点起床从"家"徒步上班。一路上,他不断微笑着和擦肩而过的行人打招呼。有一位绅士经常看到他这副快乐的样子,很受感染,便邀请他共进早餐。尽管他饿得要死,但还是委婉地拒绝了。当得知他是保险公司的推销员时,绅士便说:"既然你不赏脸和我吃顿饭,我就投你的保好啦!"他终于签下了生命中的第一张保单。更令他惊喜的是,那位绅士是一家大酒店的老板,帮他介绍了不少业务。

从这一天开始,否极泰来,原一平的工作业绩开始直线上升。到年底统计,他在9个月内共实现了16.8万日元的业绩,远远超过了当时的许诺。

公司同人顿时对他刮目相看，这时的成功让原一平泪流满面，他对自己说："原一平，你干得好，你这个不吃中午饭、不坐公车、住公园的穷小子，干得好！"

日本明治保险公司这个27岁没有任何保险产业背景名叫原一平的销售员是何以最后成为日本保险业连续15年全国业绩第一的"推销之神"，最穷的时候，他连坐公车的钱都没有，可是最后，他终于凭借自己的毅力，成就了自己的事业。

首先第一点，原一平一点也不懂得保险行业，为了攻破这个难题，原一平从头开始学习，在业余时间里，他购买了大量的如砖头般厚重的专业书籍，夜以继日地恶补理论知识。以前没有接触过销售，更谈不上有任何销售经验了，当其他同事向顾客解释保险方面的问题时，他甚至比顾客听得还要投入，之后，他会在心里默默地将同事的话一遍又一遍地复述。为了做好这份工作，他做出了比其他人多出好几倍的努力。

对工作十分热情的原一平终于得到了回报，他迅速跃升为店里业绩最好的业务员，让很多做保险销售的同事大加称赞。原一平的勤奋是出了名的，他的敬业精神也是令人佩服的。

无论你从事什么职业，都应该精通它。下功夫把知识学好，把问题弄懂，把技术学精，成为本行业中的佼佼者，精通自己的全部业务，就能赢得良好的声誉。这样，你就拥有了打开成功之门的秘密武器。

无论从事什么职业，只有全心全意、尽职尽责地工作，才能在自己的领域里出类拔萃。尽职尽责，才能为自己赢得更大的发展空间。对待工作，三天打鱼，两天晒网，稀里糊涂，应付了事，这样是永远看不见成就的。

要勇于承担责任

在现代社会里,责任感是很重要的,不论对于家庭、公司,还是你所处的社会,它都意味着专注和忠诚。所以,特别是在企业里,敢作敢当、勇于承担责任的员工是最值得尊敬的。

在你生活的周围,你肯定见过这样一个场景:小孩子不小心撞到了桌子上,疼得大哭不止,等待着大人过来帮助。如果你是孩子的妈妈,你会怎么做呢?以下两种方法,你选哪种?

其一,母亲焦急地走过去,把跌坐在地上的孩子抱起来,用手或者棍子拍打桌子,边拍打边说一些"这破桌子,怎么能碰到我的孩子呢"之类的话。

其二,母亲微笑看着孩子,先鼓励他站起来,再把孩子带到桌旁边,和蔼地说:"来,再走一次。一个人走路会撞到桌子有三个原因:第一是你走路的速度太快,躲闪不及;第二是你的眼睛看别处没有留意桌子;第三是你心里面不知在想些什么,你是哪一种呢?"

我们来分析一下,第一种母亲,她疼儿心切,但是她"护短",把责任推在了桌子上,孩子碰到桌子,是桌子的错误。第二种母亲,她不是不心疼孩子,她给孩子分析了三种原因,都是让孩子明白:是你的失误。然后用这种方式帮孩子找到原因,再纠正过来,那么下一次就不会犯同样的错误了。

毫无疑问,第二种母亲的做法相当明智。同样的,在职场中,工作意味着责任,一个对工作负责的员工,有承担风险的能力。他敢于去承担风险,才能胜任这份工作。但是工作并不是一帆风顺的,总有一些苦难和挫折,员工的处事能力也并不是万无一失的,也可能会犯一些错误。针对这些错误,就出现了如同上述两种母亲的做法，有些人会选择转嫁错误，而有些人则敢于承担犯错所带来的后果，并分析原因。

通常情况下，人们认为责任就是风险，他们习惯于为自己的过失寻找借口，他们通常说这些"这不是我的错""我不是故意的""是他让我这样做的""这不是我干的""本来不会这样的，都怪……"之类的话语。他们用这种方式希望可以逃脱惩罚。而优秀员工呢？他们对于这些错误勇敢承认，接受惩罚，然后通过这个过错学会更多解决和处理事情的方式方法。连小孩子都知道，知错就改就是好孩子，何况我们大人呢！

在这个世界上，没有不需要承担责任的工作；相反，你的职位越高、权力越大，你肩负的责任就越重。不要害怕承担责任，要立下决心，你一定可以承担任何正常职业生涯的责任，你一定可以比前人完成得更出色。正如一位伟人曾说过的一句话："人生所有的履历都必须排在勇于负责的精神之后。"

王蒙打算追求夏颖，约会的地点选在了和前女友常去的那家餐厅。他对夏颖说，自己是听同事介绍，也是第一次去。为了以防万一，他还打电话通知了餐厅主管，要假装不认识自己。

进入餐厅，主管迎面走来，对这位"老顾客"说道："先生、小姐因你们是今晚的第一批顾客，我们特别给您推荐本店最好的位子。"他们被引到了王蒙的"老位子"。一到位子，夏颖就兴奋不已，因为整个城市的夜景都尽收眼底。可想而知，后来点的饮料、酒菜也都是"老样子"。

服务员小齐优雅地把饮料端了上来，一见是王蒙，就开怀地笑了出来，说："王先生，你可是有好长一段时间没来，大家都挺想你的。"王蒙脸低了下去，不知如何是好。而夏颖颇感诧异，也只是不说话。冰冷的气氛随着聊天的投入，慢慢地冲散了。就在这时酒菜端了上来，服务员小娟礼貌地说："先生、小姐，这是你们点的酒菜。"抬头一看，发现是王蒙，也呵呵地笑着说："老地方、老位子，点的也是每次都必点的酒菜，想想就知道是王先生了。果然我没猜错，王先生，真的是你。"说完，就快乐地走了。而此时此刻，王蒙与夏颖之间的气氛更冷了。原本快乐的晚餐就此告吹。临走的时候，王蒙走进总经理的办公室说："你们这边的员工太不懂得尊重别人了，以后再也不来了。"

总经理把主管、小齐和小娟叫进了办公室，说："老主顾都让你们气走了，你们看看是怎么工作的，由谁来负责？"还没等总经理说完，小娟就顶了起来："接电话的是主管，他又没告诉我们要怎么做。"小齐也在旁边随声附和。主管的头已经低得不能再低了，他对总经理说："这件事都是我的责任，与她们两个无关，我会负全部的责任。"看着如释重负的小齐与小娟，再看看勇于承担责任的主管，总经理做出了决定：小齐与小娟被开除了，而主管留了下来。因为他知道，只有勇于承担责任的人，才是公司最需要的人。

一个勇于承担责任的人是值得信任的。职场上，决定输赢的或许不是能力，而是一个人的品质。其实勇于承担责任就是一种品质。勇于承担职业生涯中的责任，你一定能够比别人完成得更出色。世界上最愚蠢的事情就是寻找借口。如果说寻找借口而逃避责任可以保护自己一段时间，但长此以往，人就会疏于努力，不再尽力争取成功，而把大量的时间和精力放在如何寻找一个合适的借口上。虽然承担责任会有被处罚的风险，但不承担责任将会遭遇更大的风险——丢掉工作、丢掉前途的风险。

俗话说，神仙难免会打盹儿。再优秀的员工，犯错误都是在所难免的，如果敷衍塞责，找借口为自己开脱，就会让企业管理层觉得我们自己不但缺乏责任感，而且还不愿意承担责任。因此，作为一名企业员工，没有任何借口，没有任何抱怨，主动负责，意味着自己能够接受企业的信任，而赋予你任何重要工作与高级别的职位。

上海有一家香港公司的办事处，办事处刚成立时需要去工商局注册。由于当时很多这样性质的办事处都没申报注册，再加上这家办事处没有营业收入，所以这家办事处也没申报。两年后，在工商检查中，工商人员发现这家办事处没有纳过税，于是做出了罚款决定，数额有几十万元。这家办事处的香港老板知道这件事后，就单独问这位主管："你当时是怎么负责这件事的？"这位主管说："当时我想到了注册申报，但有个职员说很多公司都不申报，我们也不用申报了，考虑到可以给公司省些钱，我也就没再考虑，并且这些事情都是由职员一手操办的。"老板又找到职员，问了同样的问题。这位职员说："我以前所在的公司没有申报注册，也没有人去查它，所以我只把相关情况告诉了主管。至于是否去注册是主管决定的，我说了也不算！"

这是一个典型的推卸责任的案例，职员和主管相互推卸责任。有这样的员工，这家公司在上海的发展前景绝对不乐观。

一个勇于认错、勇于承担责任的人，是一个有担当的人，这样的人靠得住。职场不是不允许犯错，关键是面对错误的态度，能够反映出你做人的品质，就能判断出你能否具有敬业精神。因此，不要耍一时的小聪明，用瞒天过海之计推脱责任，那你就犯了大错，可能就面临被解雇的风险了！